教育部人文社会科学重点研究基地
西南大学西南民族教育与心理研究中心

理性与震撼

——科技怎样改变了我们的生活

廖伯琴　主编

本书获教育部人文社会科学重点研究基地重大项目(基于“互联网+”的民族地区科学普及研究，项目号 16JJD880034)及重庆市人文社会科学重点研究基地项目(基于科学素养提升的儿童科普图书研究，项目号 18SKB034)的资助。

科学出版社
北　京

内 容 简 介

飞速发展的科技，给世界带来相当的震撼，科技使我们的生活发生了翻天覆地的变化。本书通过人工智能、机器人、可穿戴设备、虚拟现实技术、3D 打印、石墨烯、隐身材料、低温世界的超导体、彩超中的多普勒效应、可再生能源、全球卫星导航系统十一章内容带我们走近这些技术。

本书适合作为提高公民科学素养的科普书籍，也适合作为初、高中学生的学习用书和中学物理教师的教学参考书。

图书在版编目（CIP）数据

理性与震撼：科技怎样改变了我们的生活 / 廖伯琴主编. —北京：科学出版社，2021.1

ISBN 978-7-03-066557-7

Ⅰ. ①理… Ⅱ. ①廖… Ⅲ. ①科学技术-普及读物 Ⅳ. ①N49

中国版本图书馆 CIP 数据核字（2020）第 209512 号

责任编辑：任俊红 / 责任校对：郭瑞芝

责任印制：张 伟 / 封面设计：蓝正设计

科学出版社 出版

北京东黄城根北街 16 号

邮政编码：100717

http://www.sciencep.com

北京虎彩文化传播有限公司 印刷

科学出版社发行 各地新华书店经销

*

2021 年 1 月第 一 版 开本：787×1092 1/16

2021 年11月第二次印刷 印张：12 3/4

字数：326 000

定价：79.00 元

（如有印装质量问题，我社负责调换）

序　言

科学普及必须走向全民，科学教育应“为了每一位学生的发展”。

21世纪初，我国启动了新中国成立以来改革力度最大、社会各界最为关注、意义深远的基础教育课程改革，其中科学课程、技术课程的改革越来越受到关注。小学1～6年级综合科学课程的开设，初中7～9年级分科及综合科学课程的推进，以及高中分科科学课程和技术课程的深入，引发人们从不同的视角研究科学技术课程的内涵与外延、科学教育的功能、科学课程的理念、科学教学的模式及科学教师的成长等。2017年底教育部正式颁布的高中课程标准，从“三维课程目标”上升到“学科核心素养”，充分体现了人们对课程功能内涵的进一步关注。

西南大学科学教育研究中心为了落实科学教育的理念，集全国相关研究所长，独具匠心打造出科学教育丛书，以跨学科、多角度及国际比较的视野，探索科学教育的理论及实践，希望在基础教育课程改革的浪潮中，为素质教育的深入推进做出努力！

目前，本套科学教育丛书已出版的图书含以下几方面：

其一，科学教育理论研究系列，从科学教育学到科学课程、教材、教学、评价等方面进行研究（如《科学教育学》——科学出版社2013年版、《中小学理科教材难度国际比较研究》——教育科学出版社2016年版）；

其二，科学普及系列，注重以幽默、生动的形式，对中学生进行科学普及教育（如《玩转物理——聊动手做的乐趣》《谁主沉浮——聊物理学家那些事儿》《不可思议——聊科学技术的应用》《开天辟地——聊奇妙的时空》《原来如此——聊身边的物理》——上海交通大学出版社2014年版，《一做到底：精彩纷呈的物理实验》《一做到底：风情万种的生物实验》《变化万千的化学实验》——化学工业出版社2016年版）；

其三，科学教育跨文化研究系列，从国际比较、不同民族等多元文化视角研究科学教育

(如《西南民族传统科技》——科学出版社 2016 年版、《民族地区中小学理科教学质量监测研究》——科学出版社 2017 年版)；

其四，科学教材译丛，引进并翻译国外优秀的中学物理、化学、生物教材(如生动幽默的英国 *FOR YOU* 教材系列：《物理——Physics for you》《化学——Chemistry for you》《生物——Biology for you》——上海科技出版社 2016 年版)。

本书——《理性与震撼：科技怎样改变了我们的生活》属于科学普及类，旨在让孩子们了解给人们生活带来巨大影响的科学技术，如人工智能为何如此快捷、3D 打印术为何如此神奇、VR 技术如何颠覆人们的认知……我们侧重编写了物理学与医疗技术、新能源、新材料和信息技术等相关的内容。本书内容生动有趣、通俗易懂！有利于学生科学素养的提升，能发挥科普教材对学习和教学的引导作用。

本书共十一章，各章分工为：第一章万春露，第二章汪弘、万春露，第三章汪弘，第四章赵慧，第五章潘亚杰，第六章卢星辰，第七章封祖颖，第八章董美文，第九章刘京宜，第十章江相雅、董美文，第十一章邹雪晴。全书框架及内容选定、初稿修改、统稿及定稿等，由廖伯琴完成。

本书获教育部人文社会科学重点研究基地重大项目(基于“互联网+”的民族地区科学普及研究，项目号 16JJD880034)及重庆市人文社会科学重点研究基地项目(基于科学素养提升的儿童科普图书研究，项目号 18SKB034)的资助。本书在编写过程中，得到了众多专家学者的指导、一线老师和同学的审读。书中所引用的信息，我们尽量以参考文献的方式突出被引用者的贡献。在此，我们对以上单位及个人表示由衷感谢！

时代在发展，技术也在迅速更新。由于完成本书耗时较长，故有些内容恐已有更新发展。另，本书有些信息来自网络，尽管各章作者已认真核查，但仍难免有粗糙及不准确之处。请各位读者不吝赐教，我们一定及时修订，以使本书日臻完善。

廖伯琴

2020 年 7 月 27 日于西南大学荟文楼

目　录

第一章
厉害了，我的人工智能

- 从与 AlphaGo 的“世纪大战”说起
- 何为人工智能？
- 人工智能的发展历程
- 人工智能有哪些学派？
- 人工智能带来的惊叹
- 奇点会到来吗？

马文·明斯基：“我们要让机器拥有意识，我们要让机器变得更加智能！”道格拉斯·恩格尔巴特：“你要为机器做那么多事，那么你打算为人类做些什么吗？”

——《失控》

1 从与 AlphaGo 的“世纪大战”说起

2016 年 3 月，有一只不同寻常的“狗”进入了大众的视野，它就是我们津津乐道的来自美国谷歌公司的阿尔法狗。也许你不禁要问，这阿尔法狗究竟是何方神圣，与我们的人工智能又有什么关系呢？今天我们就要从阿尔法狗说起，给大家讲讲时下火热的人工智能。

其实，阿尔法狗并不是狗，它只是谷歌旗下 DeepMind 公司开发的一款围棋人工智能程序。这款程序的英文名为 AlphaGo，经过不少热心网友的翻译才变成了现在人们口中这只亲切而又接地气的“狗”了。那这只“狗”究竟能耐如何，又为何能引起大家的关注呢？

2016 年 3 月 9 日，阿尔法狗在韩国首尔对战职业九段围棋选手李世石(图 1.1)。根据日程安排，5 盘棋分别于 3 月 9 日、3 月 10 日、3 月 12 日、3 月 13 日和 3 月 15 日举行。对战规则约定：即使一方率先取得 3 胜，也必须下满 5 盘。在第一场比赛中，手握 14 个世界冠军头衔的李世石失利。网友纷纷惊呼，表示不敢相信：难道人类的智慧已经不敌人工智能了吗？在接下来 3 月 10 日的第二场比赛中，李世石不敢再轻敌，认真对战，但还是在第 211 手时输给了阿尔法狗。3 月 12 日，阿尔法狗在第三场时就以 3∶0 的成绩完胜这场“人机世纪大战”。这让李世石赛前对阿尔法狗的放话：“必须 5∶0 战胜它，输一盘也是失败”成为一句笑话。不过经过这一局之后，李世石倒是少了很多压力。在第四场对决中，李世石下出“神之一手”，走了一步阿尔法狗此前都没想到的棋，撼动了阿尔法狗的优势，让它计算出现了紊乱。最终，李世石扳回一局。不过遗憾的是，李世石仅仅拿下了第四局，并没有将胜利延续下去。这场“人机世纪大战”比分最终锁定在 4∶1(图 1.2)，人工智能阿尔法狗赢得了这场大赛。

其实，智能机器在棋类游戏中战胜人类并不是第一次了。早在 20 世纪 50 年代，IBM 公司的塞缪尔就编制了下棋程序，并在康涅狄格州的西洋跳棋比赛中一举夺魁。但是为什么这一次能被称为“人机世纪大战”呢？其实原因很简单，因为这一次比的是围棋，而围棋一直以来都被认为是最复杂的智力游戏。

图 1.1　AlphaGo 对战李世石

图 1.2　AlphaGo 与李世石比分

围棋棋盘上纵横各有 19 条直线，这 38 条直线相交将产生 361 个交叉点，也就是说，每一步围棋的落点都有几百种可能。普林斯顿的研究人员曾专门对围棋落点的所有可能性进行推演，最终推演出 10^{171} 种可能性。像这样巨大运算量的推演就连巨型数据处理器都要运算许多年才能计算完成，因此国际学术界曾经普遍认为围棋是最难的棋类游戏，围棋也是人工智能领域难以攻克的堡垒之一。所以这次比赛在人工智能的发展进程上显得尤为重要，称为“人机世纪大战”也就不足为奇了。

围棋已经被认定为人工智能领域难以攻克的堡垒，所以李世石在比赛之前放出豪言也就不无道理。毕竟在人工智能阿尔法狗出现之前，传统计算机的围棋水平确实只停留在业余层面，而李世石本人在围棋场上征战多年，战功赫赫，自然有骄傲的资本。只可惜，强中自有强中手！继李世石之后，2017 年 5 月 23 日阿尔法狗又向我国的柯洁(当时世界围棋等级分排名第一)发出挑战，最终柯洁也惜败阿尔法狗。阿尔法狗已然是一个神话。不过最新信息显示，它的弟弟阿尔法元(Alpha Zero)更是超越了哥哥阿尔法狗。阿尔法元不同于阿尔法狗，它没看过任何棋谱，也没有经过任何人指点，只靠一副棋盘和黑白两子，从零开始，自己参悟，最后100：0打败哥哥阿尔法狗。

从阿尔法狗到阿尔法元，一年多的时间里，其功能就能进步得如此之大，我们不得不感叹人工智能的发展速度之快。那究竟什么是人工智能呢？让我们一起来揭开人工智能的神秘面纱吧！

人物画廊

李世石

李世石，1983年3月2日生于韩国全罗南道，1995年入段，1998年二段，1999年三段，2003年因获LG杯冠军直接升为六段，2003年4月获得韩国最大棋战KT杯亚军，升为七段，2003年7月获第16届富士通杯冠军后直接升为围棋专业段位最高段——九段。2006年、2007年、2008年韩国围棋大奖——最优秀棋手大奖(MVP)。

2　何为人工智能？

早在 2004 年，好莱坞大片《我，机器人》就让大家感受到了人工智能的强大。到 2016 年，阿尔法狗与李世石的"人机世纪大战"再一次将人工智能推向各大媒体的头条位置。《最强大脑》中机器人小度的精彩表现也让人大为惊叹。人工智能这个话题已经不再局限于工程师们的讨论，开始变为普通大众讨论的热点话题。

人工智能(Artificial Intelligence)简称 AI，这个概念始于 1956 年的达特茅斯会议。提到人工智能，不得不提的一个人就是阿兰 · 麦席森 · 图灵(Alan Mathison Turing，图 1.3)。图灵是英国逻辑学家、数学家，早在 1936 年，图灵就在他的《论数字计算在决断难题中的应用》一文中描述了一种可以辅助教学的机器，而这种机器就是著名的"图灵机"，是世界上第一台将纯数学符号和实体世界建立联系的概念机。在这之后，很多的计算机和人工智能都是根据"图灵机"研制而成的，所以他被称为"计算机之父"和"人工智能之父"。

图 1.3　计算机之父——图灵

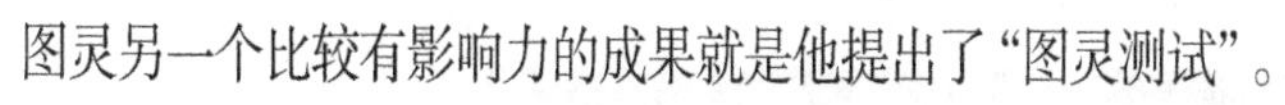

图灵另一个比较有影响力的成果就是他提出了"图灵测试"。

1950 年，图灵提出将一台计算机 A 和一个人 B 放在幕后，让测试人员向 A、B 提问，通过他们的回答来判断哪一个是计算机，哪一个是人。如果测试人员判断错误的次数超过一定比例的话，就认为计算机通过测试，具有人的智能，这就是著名的"图灵测试"。直到今天"图灵测试"仍是科学家们测试人工智能的依据。

从 1956 年到现在已经过去六十多年，到目前为止，关于人工智能还是没有统一的定义。因为人工智能的定义依赖于对智能的定义，即要定义人工智能首先应该定义智能，但智能本身也还没有严格的定义。

不过，不少专家学者还是阐述了自己对人工智能的理解。马文·明斯基说："人工智能就是让机器来完成那些如果由人类做则需要智能的事情的科学。"著名的美国斯坦福大学人工智能研究中心尼尔逊教授认为："人工智能是关于知识的学科——怎样表示知识以及怎样获得知识并使用知识的科学。"麻省理工学院的温斯顿教授认为："人工智能就是研究如何使计算机去做过去只有人才能做的智能工作。"[①]

科学家画廊

马文·明斯基

马文·明斯基(Marvin Minsky)，1927年8月9日生于纽约市，1969年获图灵奖，是获此殊荣的第一位人工智能学者。他在人工智能、认知心理学、数学、计算语言学、机器人学等领域都做出了杰出贡献。他创建了MIT的人工智能实验室，也是MIT的Media实验室奠基人。

以上这些说法反映了人工智能学科的基本思想和基本内容，即人工智能是研究人类智能活动的规律，研究如何应用计算机的软硬件来模拟人类某些智能行为的基本理论、方法和技术的一门科学。当然也有人从能力的角度看，认为人工智能就是用人工的方法在机器(计算机)上实现的智能，或称机器智能——即能够像人一样进行感知、决策、执行的人工程序或系统，比如无人驾驶汽车就是人工智能的一种典型应用(图1.4)。它通过超声波等传感器感知障碍物，通过决策系统做出是否转向、加速减速等命令，最后通过转向、油量等系统来执行命令。

图1.4　百度无人驾驶汽车

① 张妮，徐文尚，王文文. 人工智能技术发展及应用研究综述[J]. 煤矿机械，2009, 30(02): 4-7.

3　人工智能的发展历程

人工智能的发展经历了漫长的历程。自古以来，人类就有用机器代替人工的幻想，我国在公元前 900 多年时就有歌舞机器人流传的记载，详见本书第二章。不过这些都还是人们的粗浅尝试，直到亚里士多德开始着手解释和编注他称之为三段论的演绎推理时，人类才迈出了向人工智能发展的早期步伐。

> **三段论**：一种以真言判断为前提的演绎推理，它借助于一个共同项，把两个真言判断联系起来，从而得出结论。一个三段论包括大前提、小前提和结论三个部分。例如：一切金属都是能够熔化的（大前提）；铁是金属（小前提）；所以，铁是能够熔化的（结论）。三段论可以看作早期的知识表达规范。

在 20 世纪 30～40 年代，德国数学家和哲学家莱布尼茨开始着手把形式逻辑符号化，这一过程为人工智能的发展奠定了数理逻辑的基础。1936 年，图灵创立了一个理论计算机模型；1946 年，数字计算机的先驱莫克利(John William Mauchly)与埃克特(John Presper Eckert)研制出了世界上第一台通用电子计算机 ENIAC；1943 年，美国神经生理学家麦克洛奇和皮兹建成了第一个神经网络模型(MP 模型)；1948 年，美国著名数学家维纳创立了控制论。这些都为人工智能的诞生准备了必要的思想、理论和技术条件。

1956 年夏季，人类历史上第一次人工智能研讨会在美国达特茅斯学院举行。这场会议由麦卡锡(J.McCarthy，达特茅斯学院的年轻数学家、计算机专家，后为麻省理工学院教授)，明斯基，洛切斯特(N.Lochester，IBM 公司信息中心负责人)，香农(C.E.Shannon，贝尔实验室信息部数学研究员)等人发起，莫尔(T.more)、塞缪尔(A.L.Samuel)、塞尔夫里奇(O.Selfridge)、索罗蒙夫(R.Solomonff)、纽厄尔(A.Newell)、西蒙(H.A.Simon)等人参加了会议。在这次会议中，除了这些科技大腕儿们把自己研究的成果拿出来分享、讨论以外，最主要的成果莫过于确定了人工智能的概念。在这场会议里，由麦卡锡提议并正式采用了

“Artificial Intelligence”这一术语，人工智能的概念正式诞生。2006 年是达特茅斯会议召开 50 周年，出席达特茅斯会议的部分代表再次重逢(图 1.5)。

图 1.5　达特茅斯 50 周年会议(美国)

注：从左向右依次是莫尔、麦卡锡、明斯基、塞尔夫里奇、索罗蒙夫。

达特茅斯会议之后，人工智能不断发展。纵观人工智能的发展历程，其主要有三次大的浪潮。

第一次大的浪潮是智能系统代替人完成部分逻辑推理，并且将各个领域的知识融合到机器中。例如，机器定理证明和 20 世纪 70～80 年代出现的专家系统。机器定理证明和专家系统等的研制是 AI 发展史上第一次重大突破与转折。

> 1957～1960 年，纽厄尔、西蒙等人组成的心理学小组研制出了逻辑理论机和通用问题求解程序。通用问题求解程序当时可以解决 11 种类型的问题，如人羊过河等。
>
> 1972～1976 年，费根鲍姆研制出了 MYCIN 专家系统。MYCIN 专家系统能够协助内科医生对血液感染患者进行诊断，并提供最佳处方。

第二次大的浪潮是系统能够与环境交互，即能从运行的环境中获取信息，代替人完成包括不确定性在内的部分思维工作，通过自己的动作，对环境施加影响，并适应环境的变化。例如导盲机器人，它可以利用自身的传感器获得外部环境信息，并在分析完信息后给予盲人转向或直行等的指示。

第三次大的浪潮是智能系统具有类人的认知和思维能力，即能够发现新的知识，去完成面临的任务，如深度学习等。比如阿尔法狗，它之所以越来越厉害，就在于它内部的学习机制，而且不同于人类的是，作为一只机器狗，它可以 24 小时不间断学习。

其实人工智能的发展也并非一帆风顺，它也历经了两次“冬天”。李开复先生曾在他的演讲“我不是李开复，我是人工智能”中用拟人化的口吻这样说道：“我的成长过程非常坎坷，经历过很多波折，每次似乎我做出什么东西，世界就骂我骗子，骂了两次，现在我终于出头了。”他的话就风趣地体现了人工智能的坎坷发展。

近十几年来，随着机器学习、计算智能、人工神经网络等学科领域和行为主义的研究深入开展，又掀起了人工智能新的发展高潮。同时，不同人工智能学派间的争论也非常激烈。这些都推动人工智能研究的进一步发展。

趣闻插播

梵塔又称河内塔、汉内塔，它源于印度的一个古老传说：相传印度神梵天开天辟地创造世界的时候，在印度北部的一个圣庙里安放了一块黄铜板，板上树立了三根由金刚石打造的石棒。梵天在第一根石棒上从下到上放了半径由大到小的六十四片黄金圆片。随后，天神梵天告诉这座庙的僧侣，将这些黄金圆片全部挪到另外一根石棒上，但是一次只能移动一片，并且不管在什么时候小圆片永远只能放在大圆片上面。如果有一天这六十四片圆片能从指定的棒上完全挪到另外的棒上，那么世界将崩塌、毁灭。

4 人工智能有哪些学派?

人工智能是一门新兴的学科，是自然科学与社会科学的交叉学科，它涉及多个学科，如心理学、脑科学、计算机科学、哲学等，如图 1.6 所示。人工智能所分的学派也较多。目前人工智能的学派主要分为符号主义、联结主义和行为主义三种。

符号主义

符号主义(symbolicism)又称逻辑主义(logicism)，强调基于逻辑推理的智能模拟方法。符号主义认为人工智能源于数理逻辑。19 世纪末，数理逻辑得以迅速发展，到 20 世纪 30 年代开始用于描述智能行为。符号主义认为人的认知基元是符号，认知过程是符号操作过程。人是一个物理符号系统，计算机也是一个物理符号系统，因此，我们能够用计算机来模拟人的智能行为，即用计算机的符号操作来模拟人的认知过程。符号主义还认为，知识是信息的一种形式，是构成智能的基础。人工智能的核心问题就是知识表示、知识推理和知识运用。知识可用符号表示，也可用符号进行推理，因而有可能建立起基于知识的人类智能和机器智能的统一理论体系。符号主义学派的代表性成果很多，比如启发式程序 LT 逻辑理论家，就证明了 38 条数学定理。

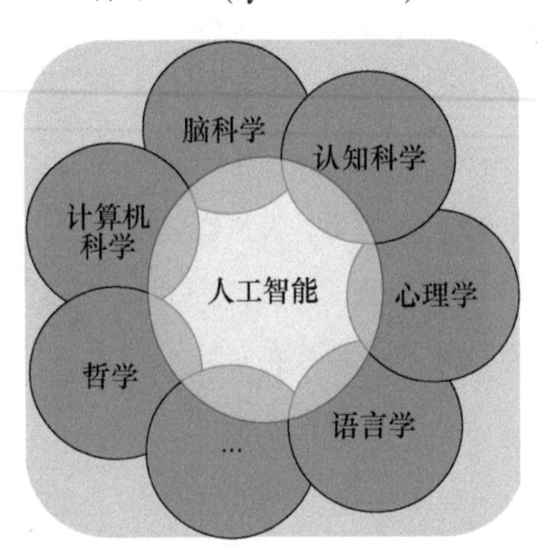

图 1.6 人工智能学科交叉

联结主义

联结主义(connectionism)源于仿生学派(bionicsism)或生理学派(physiologism)，强调神经网络(图 1.7)及神经网络间的连接机制与学习算法。联结主义认为人工智能源于仿生学，特别是人脑模型的研究，认为人的思维基元是神经元，而不是符号处理过程。它对物理符号系统假设持反对意见，认为人脑不同于电脑，并提出联结主义的大脑工作模式，用于取代符号操作的电脑工作模式。

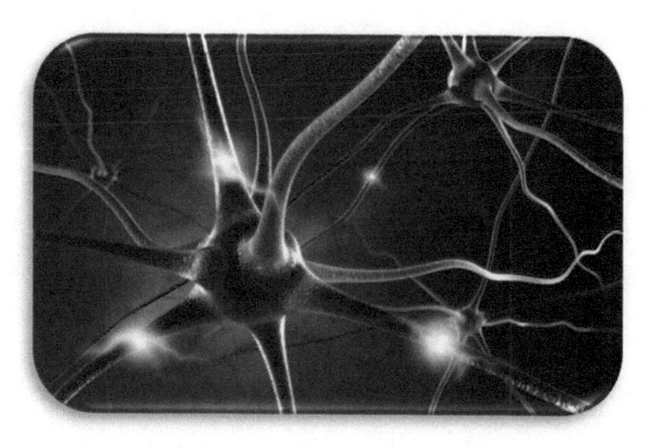

图 1.7　神经网络

行为主义

行为主义(actionism)又称进化主义(evolutionism)，强调基于“感知-动作”的行为智能模拟方法。行为主义认为人工智能源于控制论，控制论思想早在 20 世纪 40～50 年代就成为时代思潮的重要部分，对早期的人工智能工作者产生了很大的影响。行为主义者认为智能取决于感知和行动，并提出智能行为的“感知-动作”模式。行为主义者认为智能不需要知识、不需要表示、不需要推理；人工智能可以像人类智能一样逐步进化；智能行为只能在现实世界中与周围环境交互作用而表现出来。行为主义还认为：符号主义(包括联结主义)对真实世界客观事物的描述及其智能行为工作模式是过于简化的抽象，因而是不能真实地反映客观存在的。行为主义在 20 世纪末出现，其代表作首推布鲁克斯(Brooks)的六足机器人。图 1.8 便是一种六足机器人。

图 1.8　六足机器人

5 人工智能带来的惊叹

人工智能的研究和应用领域比较多，比如模式识别、自然语言理解、智能检索、机器学习以及前面提到的专家系统等。你也许不知道人工智能的定义是什么，但你一定用过人工智能的相关产品，因为它已经像空气、水一样融入我们生活的各个方面。

爱购物常常作为女生的标签，不过自从有了网上购物，男同胞们也逐渐加入到网购大军。采用这种方式购物只需要简单的输入所需物品名称就会有成百上千的商品呈现出来供你挑选，非常方便，不过现在还有另一种更便利的方法，连文字也不用输入就能搜索到你想要的商品，这就是拍立淘，如图 1.9 所示。

图 1.9　淘宝拍立淘

当我们在杂志或者电视上，又或是身边、街头，看到一件心仪的商品却不好用文字描述时，我们可以拍成照片，上传到手机淘宝的“拍立淘”查找该商品。很多人都在使用这个功能，可是却不知道它是怎么回事儿。其实“拍立淘”就属于人工智能领域计算机视觉的热门应用。与依靠关键字的搜索不同，图像搜索被形象地称为“以图搜图”，如图 1.10 所示。

图 1.10　拍立淘展示

图像处理的应用还有很多，比如智能手机上的拍图识花 APP。当你在生活中遇见一些你不知道的植物而周围的人也不能解答你的问题时，你会怎么办呢？也许你说可以上网求助，比如在微博中向某某博物君提问。不过现在你大可不必那么大费周章地向别人咨询了，你需要做的只是将一个植物识别 APP 安装到你的手机上，就可以通过拍照获得答案了。

下面让我们来看看这个神器是如何操作的吧。我们首先打开这个植物识别 APP，在拍照模式下将手机的镜头对准你要了解的植物，拍下照片并传给软件，这个时候你的 APP 就会将你所拍到的照片与一个大型的图片数据库进行比对，最后识别的结果就会展示到你的面前了，如图 1.11 所示。有了这样的神器，我们就再也不用担心说不出植物的名称了。而这也让孩子们的学习变得随时随地、充满乐趣。

在语音识别方面，生活中也有很多应用。我们的手机里就有很多人机对话的软件，比如苹果 siri、微软小冰、科大讯飞等。以微软小冰为例，当我们添加微软小冰聊天机器人为微信好友后，我们就可以通过文字或者语音，甚至方言与它进行人机对话。小冰不仅可以听懂我们的语言，还能根据我们的指令从网络上获取天气预报、星座、交通指南、餐饮点评等信息，如图 1.12 所示。

其实，这里主要涉及人工智能中的自然语言处理。自然语言处理主要包括机器翻译和自然语言理解。机器翻译是把一种自然语言翻译成另外一种自然语言的过程，通过语言学原理，利用机器自动识别语法，调用存储的词库，自动进行对应翻译。自然语言理解主要通过语音分析、词法分析、句法分析、语义分析、语用分析等使计算机能够理解和生成自然语言。微软小冰拥有非常强大的学习能力，它很好地利用了微软公司在大数据、自然语义分析、机器学习和深度神经网络方面的技术积累。它还可以自己学习人类的交流方式，包括语音、手势、表情、触摸等，与小冰说话就仿佛跟朋友聊天一样。但是在对话中，因多义词、语法、词法、句法、语境等发生变化或者不规则，对话就难免会出现错误。所以，未来关于自然语言处理还有很长的路要走。

图 1.11a　形色识花 APP

图 1.11b　形色识花效果

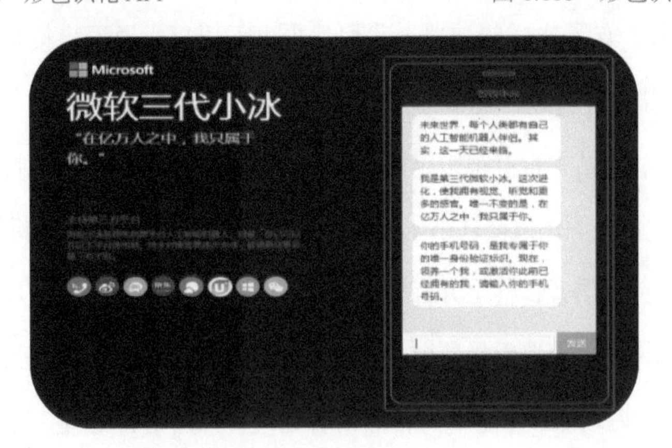

图 1.12　微软小冰

另一个酷炫的人工智能应用要数无人驾驶汽车了。说到无人驾驶汽车，大家可能并不陌生，不过以前无人驾驶汽车只是一个概念，并没有真正的成品，直到谷歌公司推出他们的实体无人驾驶汽车，如图 1.13 所示。从 2009 年到 2016 年，谷歌的无人驾驶汽车已经累计在路上行驶了 140 万公里之多。无人驾驶汽车正在一步一步变为现实，将逐步成为更贴近人们需求的代步工具。

图 1.13　谷歌的无人驾驶汽车

总的来说，无论是已经发展比较成熟的技术，还是正在酝酿的计划，从家庭到社会，从地下到太空，人工智能真的无处不在。智能机器人、无人驾驶汽车、智能家居(图 1.14)、智能楼宇、智能社区、智能网络、智能电力、智能交通、智能控制、智能穿戴、无人机快递等都在改变我们的生活，很难想象，如果有一天没有了这些人工智能，我们的生活将会变成什么样子。不过就在人工智能高速发展的同时，人们一直在思考一些问题：人工智能会超过人类吗？人工智能在未来会控制人类吗？

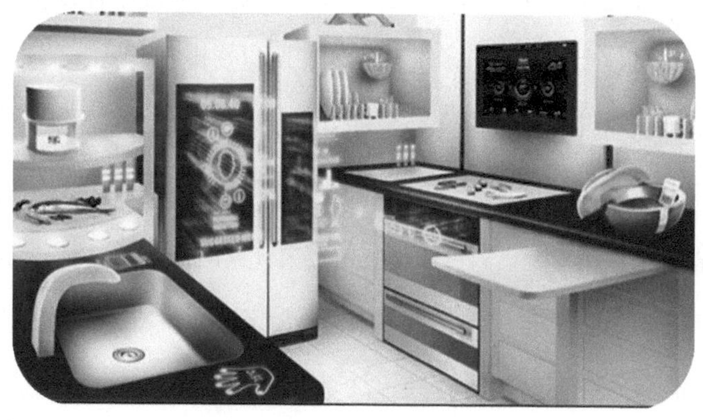

图 1.14　智能家居

6 奇点会到来吗?

随着科学技术的发展，人工智能对人类社会产生的影响越来越大。2015年，李彦宏先生在世界互联网大会上说，在不久的将来，人工智能将取代所有简单重复的脑力劳动，使人类从低级的劳务工作中获得解放。事实上，不只是简单重复的脑力劳动将被取代，甚至是连需要复杂思考的人类工作也可能被取代。当大量的劳动力从原来的工作中解放出来时，势必会给人们带来失业的困扰。在2016年的美国科学促进年会上，就有科学家表示在未来30年可能将导致上千万人的失业，波及各行各业。虽然人工智能带来了失业困扰，但不可否认的是它确实给我们的生活带来了便利，同时它也催生出了新产业、新职位。真正让人担忧的是，未来的某一天，当机器人掌握了人的思维，我们亲手创造的机器人也许将不再为我们服务，甚至反过来统治人类，使我们成为智能机器的奴隶。

1983年，数学家弗诺·文奇就提出了技术奇点的概念。文奇认为，奇点是人工智能超越人类智力的时间点。当奇点来临时，世界的发展将不再受人控制。李彦宏也曾说过，在技术积累的过程中，我们可能不太能感觉到变化，但是，一旦技术积累到一定程度，量变达到质变时，也就是奇点来临的时刻，我们就可能来不及应变。

英特尔公司的创始人之一戈登·摩尔曾经预言：当价格不变时，集成电路上可容纳的元器件的数目，约每隔18～24个月便会增加一倍，性能也将提升一倍。这个预言后来也被称为摩尔定律，它揭示了信息技术进步的速度。虽然摩尔定律不是一种数学定律或者物理定律，只是一种分析预测，但这个预测由于多次被证实，所以影响比较大。假设人工智能照这样的速度发展下去，也许再过几十年或上百年，质变就可能会发生，人工智能可能将比人类更聪明。

不过，我们不必惊慌，人工智能带来的是更美好的未来，还是万劫不复的炼狱，决定权依然掌握在人类手中。就像是核技术，我们可以把它做成大规模的杀伤性武器，也可以用它进行发电，造福人类。当我们把控好智能的程度，并为智能机器设定准则和禁区，人工智能可以成为我们的“朋友”。总之，不管人工智能技术如何发展，其宗旨永远只有一个，那就是要造福人类。

参考文献

蔡自兴. 人工智能学派及其在理论、方法上的观点[J]. 高技术通讯, 1995, 5(5):55-57.

丁日智. 关于人机围棋大战的人工智能论述[J]. 科技 · 经济 · 市场, 2016, (3):97.

冯健翔. 人工智能及其航天应用概论(上)：广义人工智能基础研究[M].北京：宇航出版社，1998.

郭庆琳, 樊孝忠. 自然语言理解与智能检索[J]. 信息与控制, 2004, 33(1):120-123.

胡宝洁, 赵忠文, 曾峦, 等. 图灵机和图灵测试[J]. 电脑知识与技术:学术交流, 2006, (23):132-133.

李红霞. 人工智能的发展综述[J]. 甘肃科技纵横, 2007, 36(5):17-18.

李连德. 一本书读懂人工智能[M]. 北京：人民邮电出版社，2016.

孙振杰. 关于人工智能发展的几点哲学思考[J]. 齐鲁学刊, 2017, (1):77-81.

John Corcoran. Aristotle's Demonstrative Logic[J]. History & Philosophy of Logic, 2009, 30(1):1-20.

第二章
崛起的“巨人”——机器人

- 机器人之初印象
- 机器人 1.0——自动机械时代
- 机器人 2.0——现代机器人
- 机器人 3.0——人工智能时代
- 机器人如何感知？
- 机器人会取代人类吗？

快把光明的灯擎起来了
那里有美丽的天
问着村里的水流的声音
我的爱人在哪

——《阳光失了玻璃窗》
(人类历史上第一部机器人写的诗集)

1 机器人之初印象

机器人技术作为20世纪人类最伟大的发明之一,历经60余年的发展取得了巨大的进步。以前我们只有在银屏中才能看到机器人，比如萌萌的小黄人、酷炫的变形金刚等，它们可望而不可即。而今天我们去吃个饭，或者去买个冰激凌都有可能是机器人来为我们服务。机器人已经不再是“只可远观”的物品，机器人就在我们身边。

一提到机器人，大家脑海里都会浮现出各式各样的机器人形象。有的机器人像变形金刚一样酷，有的机器人像小黄人一样萌。人们通常认为机器人的重要标志是拥有酷似人类的外表，其实并不是这样的。那么，什么是机器人呢？让我们一起来走近机器人吧。

Robot 的由来

机器人(Robot)一词最早出现在 1920 年捷克作家卡雷尔 · 恰佩克(Karel Capek)所写的一个科幻剧本《罗素姆万能机器人》中，剧照如图 2.1 所示。在这部剧中卡雷尔将人造劳动者取名为 Robota。剧情一开始，听话的机器人只知道按照主人的命令默默地工作，没有一丝情感也没有一丝怨言，呆板地完成繁重的劳动。不过，后来罗素姆公司打破了这种局面，他们使机器人拥有了情感，生产和销售机器人的部门也随之增加，机器人的数量不断增大。慢慢地，在工厂和家庭中处处都有机器人劳作的身影。不过这些机器人慢慢发现，他们所服务的人类是多么的自私和不公正，终于有一天他们造反了，凭借其优异的体能和智能消灭了人类。你以为故事到这里就结束了？其实并没有！机器人虽然消灭了人类，但他们却不懂怎么去繁衍后代。他们只好竭力寻找人类的幸存者，可惜并没有找到。就在生死存亡的最后时刻，一对机器人恋爱了，机器人开始慢慢进化为人类，世界才又起死回生。

当然这只是一个早期的关于机器人的科幻故事，并不是真实的，但是英语中的 Robot 一词却由这个剧本而来，世界各国也开始用 Robot 作为机器人的代名词。

图 2.1　《罗素姆万能机器人》剧照

定义机器人

机器人从诞生到现在已有几十年，在科技界，科学家们通常会给一个科技术语下一个明确的定义，但几十年过去了，关于机器人的定义仍然是仁者见仁、智者见智，没有统一。并不是人们不想给机器人一个完整的定义，只因为机器人技术的飞速发展，让其涵盖的内容越来越丰富，定义也就不断充实和创新。但即便如此，不少组织或个人还是尝试着对机器人进行定义。

1987 年，国际标准化组织对工业机器人进行了定义：工业机器人是一种具有自动控制操作和移动功能，能完成各种作业的可编程操作机。我国也有科学家也对机器人下了一个定义：机器人是一种具有高度灵活性的自动化的机器，不同的是这种机器具备一些与人或生物相似的智能能力，如感知能力、规划能力、动作能力和协同能力等。

从上述对机器人的定义可知，大家对机器人的外表并没有过多的限制，而主要是看它是否能够实现自动化以及是否具备智能。随着机器人的发展，人们也逐步认识到机器人技术的本质是感知、决策、行动和交互技术的结合。

机器人技术不断发展，渐渐渗透到人类活动的各个领域。人们发明了各式各样的特种机器人和智能机器人，如移动机器人、微机器人、水下机器人、医疗机器人、军用机器人、空中机器人、空间机器人、娱乐机器人等。下面让我们一起来看看机器人的进阶之路吧。

2 机器人 1.0——自动机械时代

机器人一词虽然出现在 20 世纪，但是早在 3000 多年前人们就已经开始在头脑中构建自己的机器人了。人们希望可以创造一种像人一样的机器，帮助人类完成工作、减轻劳作负担，同时也为人类带来快乐。

古代机器人

据《列子》记载，西周时期我国的能工巧匠就研制出了能歌善舞的伶人，这是目前为止我国最早的有记载的木头机器人雏形。《列子》中描述的这个伶人不仅外貌像一个真人，而且还拥有了感情。当然，书中描述的这些更多的是人们的幻想，不过从某种程度上讲，这也反映了当时人们对机器人的一些期望，为之后机器人的发展提供了一些参考。

偃师造人

偃师谒见王。王荐之，曰："若与偕来者何人邪？"对曰："臣之所造能倡者。"穆王惊视之，趣步俯仰，信人也。巧夫镇其颐，则歌合律；捧其手，则舞应节。千变万化，惟意所适。王以为实人也，与盛姬内御并观之。技将终，倡者瞬其目而招王之左右侍妾。王大怒，立欲诛偃师。偃师大慑，立剖散倡者以示王，皆傅会革木、胶漆、白黑、丹青所为。王谛料之，内则肝胆、心肺、脾肾、肠胃，外则筋骨、支节、皮毛、齿发，皆假物也，而无不毕具者。合会复如初见。（节选自《列子》，张湛注）

除偃师制作的歌舞机器人外，春秋后期，我国的鲁班也经常发明制作一些物件。据《墨经》记载，鲁班曾制造过一只木鸟，在空中飞行"三日不下"。东汉时期，大科学家张衡不仅发明了地动仪，而且还发明了计里鼓车，如图 2.2 所示。计里鼓车每行一里，车上木人击鼓一下，每行十里击钟一下。三国时期，蜀国丞相诸葛亮成功地创造出了"木牛流马"，并用其运送军粮，支援前方战争。鲁班的飞鸟、张衡的计里鼓车以及诸葛亮的"木牛流马"等，从某种程度上说都是早期的自动化装置。与现代的自动化所不同的是，这种早期的自动化是基于机械传动的，比如利用我们常见的齿轮、发条、弹簧、滑轮等让各个部件活动起来。

图 2.2　计里鼓车

达·芬奇机器人

不仅在中国，国外也有很多关于早期机器人的记载。500 多年前，达·芬奇就在手稿中绘制了西方文明世界的第一款人形机器人。提到达·芬奇，我们可能首先想到的是他的绘画，其画作《蒙娜丽莎》《最后的晚餐》等广为人知。其实，达·芬奇除了是一位学识渊博、多才多艺的画家以外，他还是一位天文学家、发明家、建筑工程师，他擅长雕刻、音乐、发明、建筑，通晓数学、生理、物理、天文、地质等学科。达·芬奇在人体解剖学的知识基础上利用木头、皮革和金属外壳，设计了一个身穿中世纪盔甲的骑士。设计骑士造型对一个大师级的画家来说简直就是小菜一碟，真正让达·芬奇伤脑筋的是如何让这个骑士机器人动起来。经过不断思考，他想到了如图 2.3 所示的结构：利用机器人下部的齿轮作为驱动装置，由此通过两个机械杆的齿轮再与胸部的一个圆盘齿轮咬合，机器人的胳膊就可以挥舞，可以坐或者站立。更神奇的是，再通过一个传动杆与头部相连，头部就可以转动甚至开合下颌，而一旦配备了自动鼓装置后，这个机器人甚至还可以发出声音。

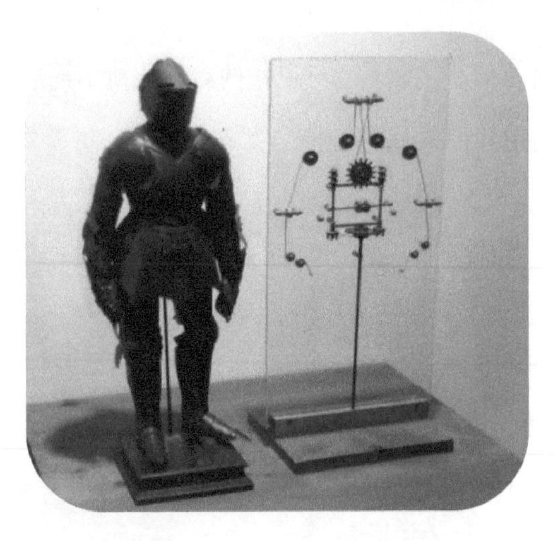

图 2.3　达 · 芬奇的机器人模型

不过，这个机器人的设计笔记仅仅出现在 1950 年被发现的手稿中，并没有发现实物，所以现代人并不能确定达 · 芬奇是否真的造出了这个机器人。2010 年，意大利佛罗伦萨市“泰克诺艺术”公司的工程师们根据手稿复制出了这个发明，并于当年 5 月，和达 · 芬奇的其他发明在澳大利亚悉尼市政厅内首次展出。

科学家画廊

达 · 芬奇

列奥纳多 · 迪 · 皮耶罗 · 达 · 芬奇(1452～1519 年)，意大利学者、艺术家。欧洲文艺复兴时期的天才科学家、发明家、画家、建筑工程师。现代学者称他为“文艺复兴时期最完美的代表”“人类历史上绝无仅有的全才”。他最大的成就是绘画，他的杰作有《蒙娜丽莎》《最后的晚餐》《岩间圣母》等，他还擅长雕刻、音乐，通晓数学、生理、物理、天文、地质等学科，他既多才多艺，又勤奋多产，保存下来的手稿大约有 6000 页。爱因斯坦认为，如果达 · 芬奇的科研成果在当时就发表的话，那么科技可以提前 30～50 年。

同样是利用齿轮和发条的原理，法国技师杰克 · 戴 · 瓦克逊发明了一只用于医学研究的机器鸭。这只鸭子会游泳、会进食、会排泄，甚至也会嘎嘎叫，机器鸭内部结构如图 2.4 所示。瑞士钟表匠道罗斯还制作了自动书写玩偶、自动演奏玩偶等。

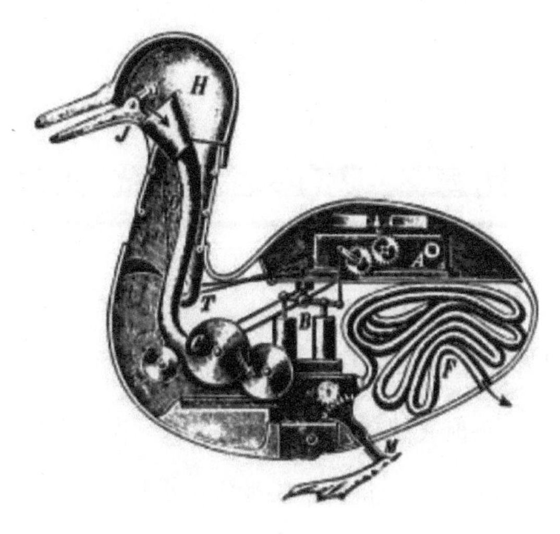

图 2.4　机器鸭内部结构

由于技术条件的限制，现在保留下来的最早的机器人是瑞士努萨蒂尔历史博物馆里收藏的两百年前制作的少女玩偶。这个少女玩偶的十个手指可以按动风琴的琴键并弹奏音乐，现在还定期演奏供参观者欣赏，这些无不充分展示了古代人的智慧。

3 机器人2.0——现代机器人

进入 20 世纪后，机器人的研究有了进一步的发展，为了满足工业生产需求，一些以电为动力的机器人相继问世。在前人的技术基础上，1927 年，美国西屋公司工程师温兹利制造了第一个电动机器人“Televox”，并在纽约举行的世界博览会上展出。这个电动机器人，装有无线电发报机，可以回答一些问题，但该机器人不能走动。1928 年，W. H. Richards 发明出第一个人形机器人，这个机器人内置了马达装置，能够进行远程控制及声频控制。1954 年，世界上第一台可编程机器人“尤尼梅特”在美国诞生，这台机器人曾为通用汽车公司立下了汗马功劳。1959 年，第一台工业机器人诞生。此后，由于现代制造业的需求，加之计算机和自动化的发展，机器人的研究更是加速向前，进入到 2.0 时代。

科学家画廊

约瑟夫·英格伯格

1958 年，被誉为“工业机器人之父”的约瑟夫·英格伯格(Joseph Engelberger)创建了世界上第一个机器人公司——Unimation 公司。1959 年，英格伯格与德沃尔联手制造出全球第一台工业机器人。它采用了分离式固体数控元件，并装有存储信息的磁鼓，能够完成 180 个工作步骤。

不同于古代机器人依靠机械传动来实现自动化，现代机器人可以根据操作员所编的程序来完成一些简单的重复性操作。当然，随着技术的发展，比如传感器的广泛应用，机器人开始有一些“触觉”“嗅觉”，能够完成的工作也越来越多，复杂程度也越来越高，种类也就越来越多。

我国的机器人专家从应用环境出发,将机器人分为两大类,即工业机器人和特种机器人。所谓工业机器人就是面向工业领域的多关节机械手或多自由度机器人。特种机器人则是除工业机器人之外的、用于非制造业并服务于人类的各种先进机器人，包括服务机器人、水下机器人、娱乐机器人、军用机器人、农业机器人等。

以水下机器人为例，它不仅可以用于科学研究，还能在文化领域为大家服务。1997年，好莱坞大片《泰坦尼克号》上映，在全世界引起轰动，直到今天这部影片依旧深受观众喜爱。看过电影的人应该知道，在电影中有很多沉船的影像片段，让人看后大感震撼。其实这些片段真的拍摄于已沉没的泰坦尼克号，而且还是在沉没的原位置进行的实地摄制所得，而当时拍摄的工具就是两台水下机器人——俄罗斯海洋研究所租给美国的“和平1号”和“和平2号”。泰坦尼克号沉船遗骸如图2.5所示。

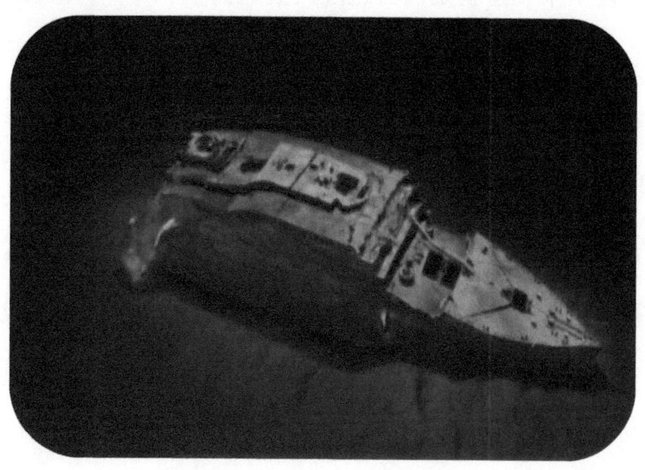

图2.5　泰坦尼克号沉船遗骸

4 机器人3.0——人工智能时代

智能家居、智能快递、无人驾驶汽车……不知不觉我们已经进入人工智能时代，人工智能变得无处不在。机器人学作为人工智能的一个分支，也在不断发生变化。人工智能时代的机器人不仅拥有人的视觉、味觉等，还可以对人的意识、思维进行模拟，这种能力不但可以让机器人像人类那样思考，甚至可以通过自己学习超过人类。继智能机器人阿尔法狗打败围棋高手李世石之后，2017 年 5 月，阿尔法狗又打败了当时世界围棋等级分排名第一的围棋选手柯洁。从某种程度上来说这就是机器超过人类的例子。

当然，我们研发智能机器人的目的可不是为了让它超过人类，而是要让它更好地服务人类，如快递行业就很好地发挥了智能机器人的作用。

2017 年申通快递的全自动快递分拣机器人可是大火了一把(图 2.6)。很多人在看到它萌萌的外形时就瞬间被它吸引，就连央视新闻都表示：很萌很科幻。不过这个机器人可不单单靠“脸”吃饭，人家可是实力派。它不但能够实现快递面单信息识别、投递位置译码，以最优路线投递，还能实现包裹路径信息的记录和跟踪，扫码、称重、分拣功能“三合一”。别看它个头小，但它的工作效率可是惊人的，每次扫码时运行速度可达到 3 米/秒，且每个小时可以分拣 18000 件包裹。更重要的是机器人不像人需要休息，它可以 24 小时完全不间断地进行分拣工作，而当它们的电量不足时，它们就会自己跑到充电站进行充电，基本不用人类的帮助。除了申通快递，亚马逊、京东等物流也不甘落后，纷纷使出各自的大招。亚马逊推出 Amazon Prime Air 服务，采用小型无人飞行器 Drones 送货，力争半小时将商品送到客户家。京东联合英伟达，推出两款最新的机器人 JDrone 无人机和 JDrover 配送车，作为最后一英里物流配送的 JDrover，目前已经在中国的一些大学投入使用。

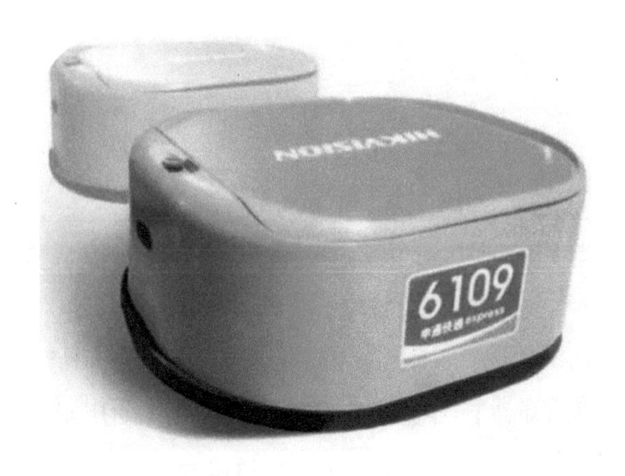

图 2.6　快递分拣机器人

除了快递行业，新闻业、医疗行业等也加入了开发、使用人工智能机器人的行列。“你好，我是小融，初次见面，请多关照。”也许你会觉得这只是一个普通的不能再普通的打招呼过程，不过这句问候可不是出自普通人之口，它来自一款人工智能机器人。而这个机器人正是目前在人民日报社工作的小融。2017 年全国两会期间，国产智能机器人“小融”进驻位于人民日报社新媒体大厦的“中央厨房”大厅，担当小助手，为大家提供导览、互动聊天、会议提醒等服务。

5 机器人如何感知?

人类可以利用自身的感知器官去感知外界事物的变化，如用眼睛观察、用耳朵倾听、用鼻子嗅闻、用手触碰等。模拟人类的机器人又是如何感知外界事物呢？这就要归功于装配在机器人上的传感器的奇妙功用了。

传感器

机器人具有类似人的肢体及感官功能。其中，机器人传感器在机器人的控制中起着非常重要的作用——它是机器人的“感觉器官”，如图 2.7 所示。

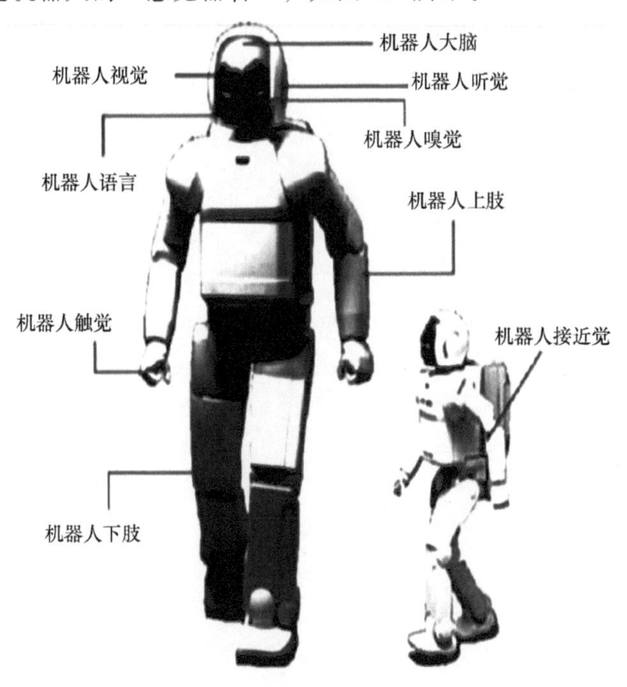

图 2.7 机器人的感觉器官

传感器是一种能感受到被测量的信息，并按照一定的规律转换成可用信号的器件或装置，通常由敏感元件和转换元件组成。国家标准GB 7665-87对传感器下的定义是：“能感受规定的被测量并按照一定的规律转换成可用输出信号的器件或装置，通常由敏感元件和转换元件组成。”

传感器能够响应或感知被测量的物理量或化学量，并按一定规律转换成电信号，提供给机器人识别。它就像人的眼睛、耳朵、鼻子和手一样，能够感应到周围环境的信息，并把这些信息传递给机器人的“大脑”。由此，机器人才具备了类似人类的知觉功能和反应能力。如果没有传感器，机器人就像人没有了知觉一样，不能知道自己周围的情况，也就无法完成各种动作。

机器人传感器可分为内部传感器和外部传感器两大类。内部传感器是用来检测机器人本身状态(如手臂间角度)的传感器，多为检测位置、角度、速度、加速度的传感器。外部传感器是用来检测机器人所处环境(如抓取的是什么物体，离物体的距离有多远等)及状况(如抓取的物体是否滑落)的传感器。

机器人的“视觉”

眼睛是心灵的窗户，也是感觉之窗，人有80%以上的信息是靠视觉获取的，人类造出的“人工眼”让机器人也能像人那样识文断字、辨别事物。机器人的“眼睛”就是摄像头等获取可见光信号的装置。

机器人分拣信件的过程就涉及机器人认字。机器人认字的原理与人认字的过程大体相似。机器人先对输入的邮政编码进行分析，并抽取特征，若输入的是“6”，其特征是底下有个圈，左上部有一直道或带拐弯。然后进行对比，即把这些特征与机器人里原先规定的0到9这十个符号的特征进行比较，与哪个数字的特征最相似，就是哪个数字。而机器人识别物体即三维识别，一般是以摄像机作为信息输入系统。人识别物体主要靠明暗信息、颜色信息、距离信息等，机器人识别物体的系统也是输入这三种信息，但其方法有所不同。例如，利用摄像机拍摄物体的不同方向，可得到各种图形，当抽取出棱数、顶点数、平行线组数等立方体的共同特征后，便可参照事先存储在计算机中的物体特征表来识别立方体了。

机器人的“接近觉”

如前文提到的快递分拣机器人，就像一个个“橙色小工人”，通过“眼睛”来读取快递面单信息。当派件员将包裹放在托盘上，机器人的“眼睛”会迅速扫码识别面单信息，读取出其位置译码和目的地信息，依照“大脑”计算生成的结果，规划出传递包裹的最优路线，将包裹投入不同地址所对应的不同下落口中。

接近觉传感器是机器人用来控制自身与周围物体之间的相对位置或距离的传感器。接近觉是一种粗略的距离感觉，通过接近觉传感器可以探测在一定距离范围内是否有物体接近、物体的接近距离和对象的表面形状及倾斜等状态。在机器人中，主要用于对物体的抓取和躲避。

快递分拣机器人就运用了接近觉传感器。所以，尽管同时作业的机器人数量众多，但都能在自己的路线上秩序井然地完成传送，就如同在宽阔路面上各自行驶的车辆，当其他车辆靠近或接近障碍物时能自动绕行让路，无须担心“车祸”发生。

机器人的“听觉”

人的耳朵具有辨别振动的功能。声波叩击耳膜，会引起听觉神经的冲动，冲动被传到大脑的听觉区，便引起了人的听觉。人耳是十分灵敏的，它能听到的最微弱的声音对耳膜的压强为每平方厘米只有一百亿分之几千克，仅仅是大气压强的一百亿分之几，而机器人的“听觉”及声音控制则依靠声音的合成、识别技术。

用压电材料做成的“耳朵”在压电材料受到拉力或者压力作用时会在材料的某些表面产生电荷，电荷量与外力成一定比例，从而使电路的电压发生变化，这一特性就是压电效应。因而，当“耳朵”在声波的作用下不断被拉伸或压缩的时候，就产生了随声音信号变化而变化的电压和电流，经过放大器放大后送入“大脑”的“听觉区”进行处理，机器人就能够“听”

到声音了。不仅如此，机器人还能识别不同的声音，这就使得机器人不但能“听懂话”而且还能有选择地“听取”部分人的话，甚至，科学家们还在研究如何使机器人能够通过声音来鉴别人的心理状态，理解人的喜、怒、哀、乐等情绪。

6 机器人会取代人类吗?

在人工智能高速发展的今天，科学家们已经实现了机器人对人类行为模式的简单复制，虽然远未达到让机器人具有真正的“性格”的水平，但已经让许多人感觉到了机器人与人的竞争(图 2.8)。我们的工作会被机器人所取代吗？即便如此，那些被机器人所取代的工人也不会因此而赋闲在家。在自动化机械接管人类工作的同时，全新的工作领域被开创了出来，同时也创造了亿万的工作岗位。过去那些从事农业的人，现在管理着大批工厂，生产着农场设备、汽车以及其他工业品。随着时代的发展，全新的基于自动化的职业被创造出来——机器维修工、平板印刷工、食品化学工程师、摄影师、网页设计师等。而我们现在的工作，也是 18 世纪的人无法想象的。

图 2.8　机器人与人的竞争

这样的“机器换人”把人解放出来，使人能去从事更有价值的活动，去创造、去生活、去爱。产生的新兴的、具有创造力的角色，如游戏师、决策师、学习师等，由人来担当。机器人帮助人类完成费力劳神、危及生命等的工作。所以，在自动化大潮历史上的又一波浪潮之下，亲爱的读者，机器人接手你的工作，只是时间问题。

毫无疑问，这种深度的自动化变革，将会影响所有人，无论是体力劳动者还是脑力劳动者。

参考文献

高峰. 机器人时代有多远? [J]. 职业, 2016, (16): 35.
郭惠勇. 多传感器信息融合技术的研究与进展[J]. 中国科学基金, 2005, (01): 19-23.
雷露. 机器人上岗之后[J]. 四川劳动保障, 2015, (11): 58-59.
李默. 机器人会抢走我们的饭碗吗[J]. 世界知识, 2014, (8):11.
桑海泉, 王硕, 谭民, 等. 基于红外传感器的仿生机器鱼自主避障控制[J]. 系统仿真学报, 2005, (06): 1400-1404.
孙华, 陈俊风, 吴林. 多传感器信息融合技术及其在机器人中的应用[J]. 传感器技术, 2003, (09): 1-4.
王军, 苏剑波, 席裕庚. 多传感器集成与融合概述[J]. 机器人, 2001, (02): 183-186, 192.
张洪瑞. 人工智能更好地为人类服务[J]. 中国报道, 2017, (07): 58-59.
张远. 除了科幻电影你还可以从书中了解人工智能[J]. 企业观察家, 2015, (12): 118-119.
张湛. 列子[M]. 上海: 上海古籍出版社, 2014.

第三章
未来的无限可能——可穿戴设备

- 惊艳亮相的谷歌眼镜
- 你好，可穿戴设备
- 智能由何而来？
- 破冰突围　开启未来

加拿大科学家“可穿戴计算机之父”史蒂夫·曼恩(Steve Mann)曾经打趣道，中国人千百年前就把算盘挂在胸前，这在某种意义上也可以算是可穿戴计算机了。

1　惊艳亮相的谷歌眼镜

都说世界是“懒人”推动的。“懒人”懒得爬楼，于是出现了电梯；懒得洗衣服，有了洗衣机；连碗也不想洗了，洗碗机出现了。在人人都离不开智能手机的今天，“懒人”们心中又冒出了一个大胆的想法：如果能把手机直接戴在身上，而不是装在口袋里、拿在手里，那该多好！

2012 年年底，谷歌公司推出的一款以“增强现实”为卖点的谷歌眼镜便实现了这一功能。谷歌眼镜一经发布，便和当年在火星上自拍的“好奇”号火星车一起，被《时代》周刊评为年度最佳发明。这款“增强现实”的划时代的革命性产品，不仅在操作上解放了用户的双手——通过语音交互来实现功能，还能通过其虚拟显示为客户带来了前所未有的视觉体验。于是，“懒人”们的愿望满足了，手机支架都可以不用准备了，因为一切都已“尽在眼中”了。

增加现实的虚拟显示

在谷歌眼镜之前，人们从未见过这样一款充满科幻色彩的高科技眼镜，它展现出的未来科技感在相当长的一段时间内震撼、惊艳着人们。其中，最令人赞叹的是它增强现实的功能。谷歌眼镜能够将短信、地图、照片、影像等信息投影在用户的视网膜上，使这些信息与现实景象同时呈现在眼镜佩戴者的眼前。图 3.1 就是用户佩戴谷歌眼镜后，呈现在眼前的现实景象，以及叠加在现实景象上的天气、时间等信息的画面。

图 3.1　谷歌眼镜的虚拟显示

丰富多彩的图像显示、及时准确的信息提供，这些让人“眼前一亮”的功能，实现了现实情景与虚拟图像的叠加，使用户能够利用谷歌眼镜来获取信息、感知世界，彻底地解放了双手，极大地提高了眼镜佩戴者的操作体验和乐趣。这也正是谷歌眼镜增强现实的意义所在，是其被称为划时代的革命性产品的原因所在。

增强现实的显示效果是怎样实现的呢？这就要从谷歌眼镜的结构说起了。谷歌眼镜由镜架、半透明棱镜(增强现实部件)、右镜架前的相机、CPU 处理器(数据处理核心)、电池(能量来源)、扬声器、麦克风等部件组成，其虚拟显示的功能主要由一个微型投影仪来实现，其工作原理如图 3.2 所示。当谷歌眼镜工作时，微型投影仪将虚拟图像投射出来，经过棱镜反射后进入人眼，图像聚焦在视网膜之上，用户就可以看到谷歌眼镜呈现的虚拟图像了。由此，人的视野前方就形成了一个虚拟屏幕，用以显示文本信息和各种数据。而半透明的棱镜并不会阻挡现实物体反射的光线进入人眼，因此，并不会妨碍现实物体在人眼中的成像，而仅是将一层虚拟图像叠加在了现实图像之上。

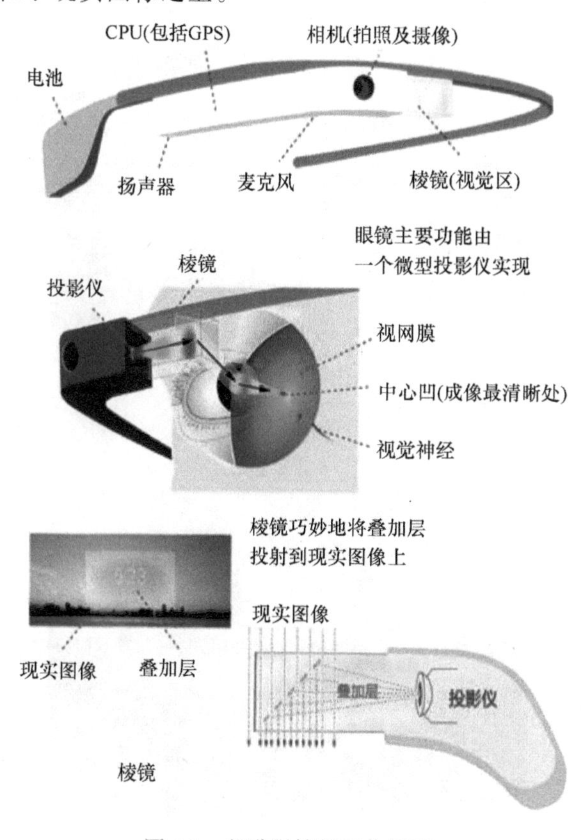

图 3.2　谷歌眼镜的工作原理

解放双手实现操作

谷歌眼镜的功能非常强大，包括拍照、录像、通话、导航定位、收发短信及邮件、浏览网页等，通过蓝牙与智能手机连接就能登录移动网络。虽然谷歌眼镜功能繁多，但它的使用却非常简单。用户像戴眼镜一样戴上谷歌眼镜后，通过固定的语音短句便可以进行基本功能的操作。于是，用户能够像戴着普通眼镜一样走路、写字、处理日常事务，不占据双手却可以实现对谷歌眼镜的操作——双手的解放无疑给用户带来了非常不错的体验。

例如，当使用者说出“Ok glass ,take a picture”这一短句时，谷歌眼镜通过识别使用者所说的词语，便会拍摄一张照片并显示在虚拟显示屏上。拍摄的照片能够实时同步到用户的谷歌账号上，用户可以在手机或计算机上对照片进行处理。

通过“增强现实”的功能呈现信息，通过语音识别的技术进行操作，这就是谷歌眼镜强大功能的所在。不仅如此，收发短信、视频录制、导航定位、浏览网页等功能，都可以在解放双手的情况下通过语音来完成。通过“Ok glass，get directions to ...”的语音命令进行导航，并通过虚拟显示实时在用户眼前呈现导航路线，如图 3.3 所示；利用谷歌眼镜进行免持的视频通话，并向对方分享自己视野内的景色，如图 3.4 所示。

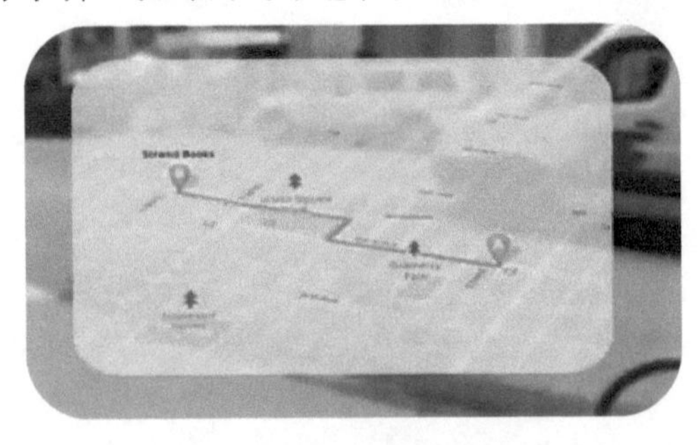

图 3.3　谷歌眼镜的导航功能

图 3.4　谷歌眼镜的视频通话功能

所见即所得

使用谷歌眼镜不会阻挡视线，也不会干扰手的活动。看到有趣的事情时，可以立即通过语音命令进行拍照、摄像。这种免持的以第一视角进行拍照和摄像——“所见即所得”的神奇功能，让人们能够将第一视角的所见进行记录和分享。如图 3.5 所示，正是蛇在人的手臂上缠绕、爬行时，利用视频通话功能来分享第一视角所见的场景。这让另一端的观看者也有非常生动、直观的视觉体验，就好像蛇在眼前爬行一样。

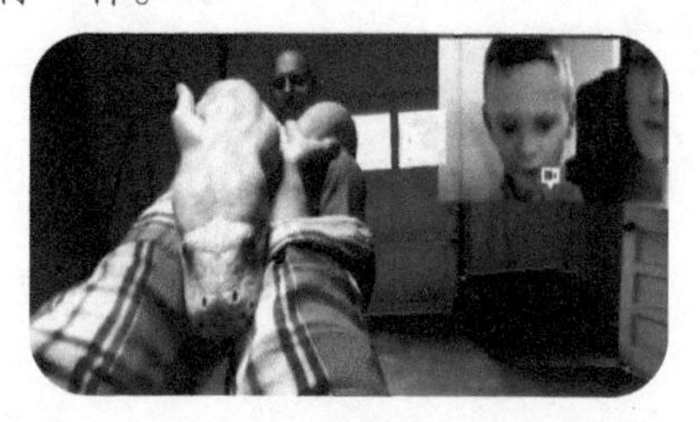

图 3.5　谷歌眼镜第一视角的分享

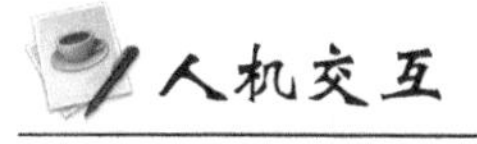

人机交互

谷歌眼镜作为一种智能终端设备，具有强大的、多样性的人机交互能力，包括语音识别、眼动识别、触控识别、手势(姿态)识别、虚拟键盘指令识别等。

谷歌眼镜解放双手的各种操作主要依靠语音识别来进行。谷歌眼镜通过对用户语音的识别，获知用户的指令信息，执行相关操作。例如，用户可以在回复短信时，说出想要发送的内容；停止说话后，眼镜等待数秒便会自动发送，回复的内容也会通过谷歌眼镜呈现在佩戴者的眼前，图 3.6 即是用户应用语音识别功能回复消息时呈现的操作界面。谷歌眼镜的各种语音指令，如“与某人进行视频通话”(Ok glass ,make a video call to ...)，也正是其语音识别功能的应用。但遗憾的是，谷歌眼镜的语音识别仅限于英语，而且对发音不太标准的英语识别也有一定困难。

谷歌眼镜可以通过传感器获取场景图像，同时捕获用户眼动方向信息，通过图像识别算法识别用户正在观看的目标，即通过眼动识别用户感兴趣的目标，进行准确定位和清晰成像。图 3.7 即是谷歌眼镜应用眼动识别，感知到用户将视线转移到视野上方推送的天气信息时对天气情况进行清晰呈现的场景。由此，谷歌眼镜在一定程度上可以通过视野的移动用眼镜捕捉对象，检查视野内的物体，实时得到物体的相关参数(如人脸识别)。谷歌眼镜的眨眼拍摄也是基于这项技术。

图 3.6　谷歌眼镜的语音识别功能

图 3.7　谷歌眼镜的眼动识别功能

热潮的退却

现在，谷歌眼镜给人带来的眩晕感、冲击感仍记忆犹新，它成功“引爆”了可穿戴设备市场的发展初期。但在光环的背后，谷歌眼镜的发展可谓是一路坎坷。谷歌眼镜正式上市前发售的 1500 美元的智能眼镜是测试版，用户实际体验中存在的诸多问题让对之一见倾心的人们望而却步。

在实际使用中，当用户需要看谷歌眼镜屏幕时，眼睛必须聚焦于离面部很近的镜片上，这会让视野中的其他东西变得模糊，使得开车或者行走时使用谷歌眼镜变得十分危险。而在阳光下看谷歌眼镜的屏幕时必须将头转向暗一点的地方。倘若用户在白天开车时使用谷歌眼镜上的地图导航，用户就需看着一片稍暗的区域，这无疑是十分危险的。

谷歌眼镜拍照、摄像、录音等功能便捷、迅速且不易被人察觉，给了侵犯他人隐私的不法之徒可乘之机。因此，在拉斯维加斯人们不允许戴着谷歌眼镜进行赌博、观看表演。事实上，许多场所已经规定带有谷歌眼镜的人群禁止入内，如考场、餐厅、咖啡厅等。图 3.8 即是一些场所内展示的禁止使用谷歌眼镜的标示。

图 3.8　禁止使用谷歌眼镜的标示

谷歌眼镜的研发团队让业界对谷歌眼镜的强大功能抱有极高的期待，却又过早地向公众推出半成品的开发者版本(测试版)，最终让谷歌公司自尝苦果——谷歌眼镜于 2015 年 1 月正式退市(2012 年年底发布，2013 年 2 月开放预订，2014 年正式上市)。而继谷歌眼镜之后推出的专注于为用户创造虚拟现实视觉效果的 VR 智能眼镜却大获成功。谷歌眼镜的“黯然离场”虽然与当时智能眼镜生态链的不成熟有一定的关系，但 VR 智能眼镜鲜明的商用倾向、清晰的产品定位，使得 VR 智能眼镜切实地切合了大众的关切点需求，无疑胜过了功能强大繁多、体验却存在诸多缺陷的谷歌眼镜许多。

但是，对于一款足以催生一个行业的产品而言，谷歌眼镜有着毋庸置疑的价值。而智能眼镜在行业领域，如医疗行业的潜在前景仍不可小觑。谷歌眼镜可以提供一个独一无二的“第一视角”的手术视野，可以清楚地展示主刀医生的操作过程，让它成为了一个绝佳的教学工具。图 3.9 即是美国俄亥俄州立大学 Wexner 医学中心的外科医师基于教学用途使用谷歌眼镜直播手术过程的场景。相信未来的智能眼镜能让人们看见真正的未来。

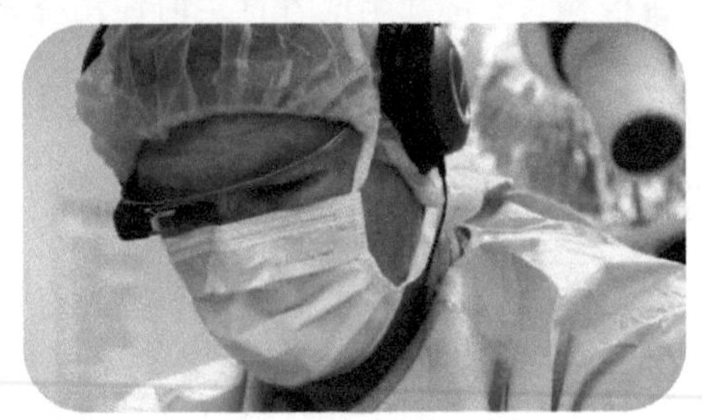

图 3.9　医师佩戴谷歌眼镜直播手术

2 你好，可穿戴设备

何为可穿戴设备

可穿戴设备(wearable devices)，或者说智能可穿戴计算机、可穿戴计算设备，从字面上解释，是指可直接穿戴在人身上或整合进衣物中的智能设备；事实上，在不同的发展时期，可穿戴设备有着不同的定义。迄今为止，还没有一个公认、统一的明确概念或定义。

“可穿戴设备之父”——史蒂夫·曼恩在 1998 年出版的《可穿戴计算机的定义》(*Definition of Wearable Computer*)一书中曾这样定义可穿戴计算机：“可穿戴计算机应该是持续的，它总处于工作、待机或可存储状态；可穿戴计算机应该主动提供服务，增强人的感知能力；同时它应该能够过滤掉无用的信息。”我们可以理解为，可穿戴设备是指采用独立操作系统，并具备系统应用、升级和可扩展的，由人体佩戴的、实现持续交互的智能设备。

可穿戴设备的“前世今生”

虽然可穿戴设备的概念近些年才变得流行，但其实早在二十世纪六七十年代，可穿戴设备就已有雏形。出乎意料的是，可穿戴设备发明的初衷竟然是为了提高赌博成功的概率，并且也最先被应用在赌场之中。可穿戴设备因赌博而生，这不能不令人感慨，有时候人的欲望竟是推动技术革新的强大动力。

1961 年，麻省理工学院数学教授爱德华·索普(Edward Thorp)在其第二版《赌博指南》或称《战胜庄家》(*Beat the dealer*，图 3.10)一书中写道，他成功地利用自制的可穿戴设备在赌博中作弊，提升了 44%的胜率(这是非法的)。据传，当时这位数学家利用刚出现不久的计算机设计出了一套计牌(card counting)的方法，以此在 21 点游戏中获胜。索普教授出版的《战胜庄家》一书热销 70 万册，荣登当年《纽约时报》畅销书榜，其版税收入远远超过了其赌博所得。

图 3.10　《战胜庄家》一书

无独有偶，1972 年，一位名为凯斯 · 塔夫特(Keith Taft)的发明者为了在 21 点的赌局中取得优势，发明了一款用脚趾头操作的可穿戴计算机——George。不过塔夫特却没有索普教授的际遇。据说在 George 的帮助下，塔夫特仅一周就输掉了 4000 美元，于是 George 被打入了冷宫。

度过了因赌博而生的概念期后，可穿戴设备进入了至关重要的发展期。计算机手表 Pulsar(首款内置计算器的手表，图 3.11)、数字助听器、蓝牙耳机等的相继问世，使可穿戴设备有了极大的发展，一些人们耳熟能详的可穿戴设备也陆续登场，比如将运动融入可穿戴设备中的手环 Fibit、引起广泛关注的谷歌眼镜等。可穿戴产品在 2012 年的大爆发后进入了密集发布期，产品迭代进一步加快。

图 3.11　计算机手表 Pulsar

奇异的可穿戴设备

可穿戴设备的产品形态丰富多样，可穿戴在人体的多个部位。对可穿戴设备的分类，较为主流的是按照可穿戴式设备实现的功能和佩戴位置的不同对其进行分类。根据功能，可主要分为运动健身类、医疗保健类、社交娱乐类、安全保护类、宠物类等；按佩戴位置，可分为头盔、眼镜、手环、手表、戒指、服饰、鞋等。

运动健身类可穿戴产品以年轻群体为目标，以提升用户锻炼效果为主要目的，通过传感器收集佩戴者在运动过程中的心跳、血流速度、脉搏等各项身体数据，为用户提供运动目标、效果、成绩等信息作为参考。如 Ralph Lauren 和 OMSignal 公司于 2014 年合作研发的智能服装——Ralph Lauren 智能 T 恤衫，它是一个通过 T 恤衫 Logo 下方一条特殊纤维制成的传感胸带来检测用户的心跳、呼吸及心理压力，并将得到的数据通过蓝牙同步到 APP 上的一款可穿戴设备。图 3.12 即是 Ralph Lauren 智能 T 恤衫及 APP 显示的数据界面。Ralph Lauren 公司董事会成员大卫 · 劳伦(David Lauren)曾戏言道，如果你看到球童在为费德勒(Roger Federer，瑞士职业网球运动员)捡球时压力会上升，这将是很有意思的一件事。

医疗保健类可穿戴产品，主要面向注重健康的大众群体(特别是幼儿和老人)，通过传感器对佩戴者的身体状况进行数据采集，并提供结果分析和健康预警等。2015 年 1 月，加州大学的纳米工程师团队研发了一款新颖的可穿戴设备——测血糖的文身贴纸，如图 3.13 所示。这款设备中装有微小的传感器，通过丝网印刷技术被印制在文身贴纸上，能帮助糖尿病人以无痛的方式监控自己的血糖。其主要工作原理是通过在皮肤上施加特定的电压，再通过贴纸从皮肤中提取体液，利用含有特定酶的传感器来检测血糖浓度。相较于传统的通过针刺手指来完成血糖测量，这种以无痛的方式来监控血糖的方式，无疑给糖尿病患者们带来了极大的福音。又如用于体内监测的胶囊相机 PillCam，其可穿戴部位是人体内的小肠，如图 3.14 所示。胶囊两端都有摄像机，当患者以服用传统药片的方法吞下胶囊相机后，它将在人体的肠道内穿行(在人体内的移动路线和食物一样)，每秒拍摄 18 张照片并传送给病人身边的接收设备，供医生查看。这意味着医生和护士可以看到病人内脏的更多情况，发现用体外扫描发现不了的问题。

图 3.12　Ralph Lauren 智能 T 恤衫

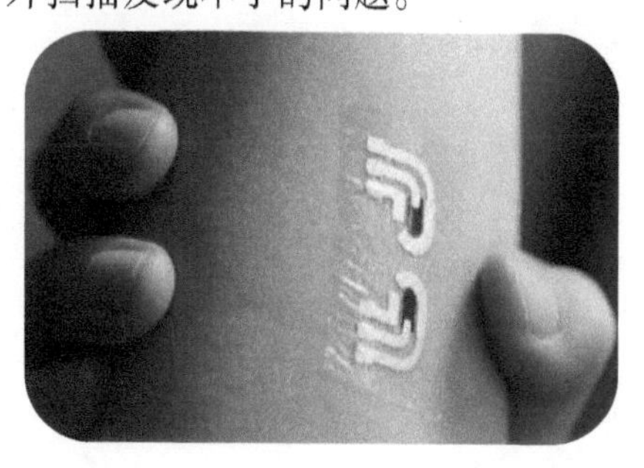

图 3.13　测量血糖的文身贴纸

宠物类穿戴产品是企业另辟蹊径研发的供宠物佩戴的可穿戴设备，如 No More Woof，是一款带有科技情调的、能让狗狗讲出心里话的可穿戴设备(图 3.15)。这是一款使用微型计算和脑电图技术分析动物思考模式，并将其用人类语言播放出来的设备。它的原理是怎样的呢？在动物的大脑中，存在着特定频谱的电信号。不同频谱的电信号代表着不同的情感，简单的电信号容易被检测到，如“我饿了”“我累了”“我好奇那是谁”等。No More Woof 所做的就是检测宠物的简单频谱电信号并将其翻译成人类语言播放出来。

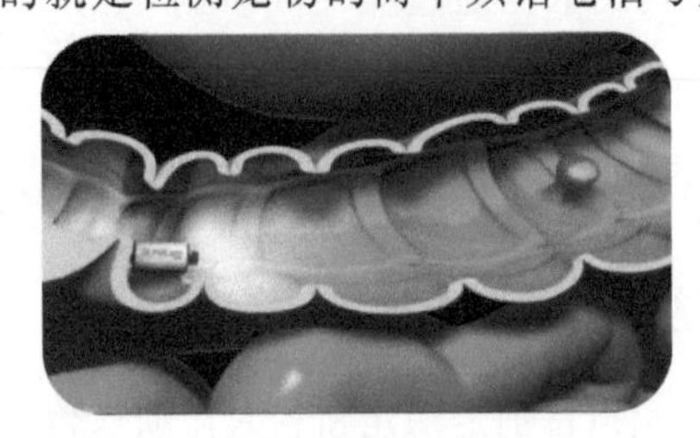

图 3.14　胶囊相机 PillCam

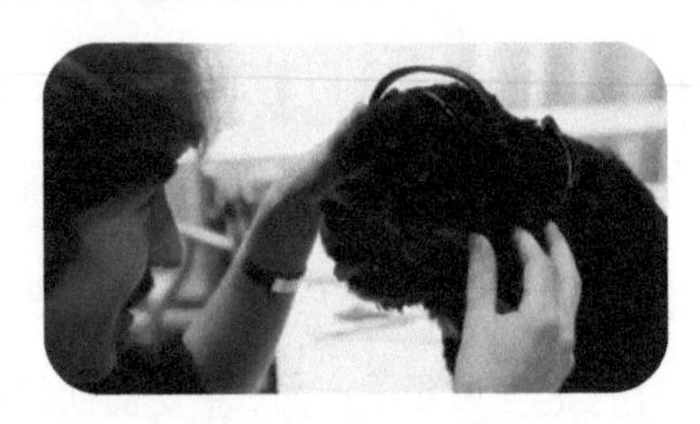

图 3.15　让狗狗讲出心里话的 No More Woof

3　智能由何而来?

可穿戴设备的蓬勃发展，其先决条件是相关产业的发展，包括可穿戴设备采用的关键器件、关键技术以及可穿戴设备终端搭载的操作系统等。

关键器件

可穿戴设备中的关键器件主要包括芯片、传感器、柔性元件、屏幕、电池等。

相较于智能手机，可穿戴设备中的芯片种类和数量要少得多，其中包括：蓝牙芯片(实现与手机等中心设备连接、数据交换和传输)、GPS 芯片(实现卫星定位)、WiFi 芯片(实现个人计算机、手持设备等终端与无线路由器连接)以及近场通信芯片等。

近场通信(Near Field Communication，NFC)是一种非接触式识别互联技术，可以在移动设备、计算机和智能设备之间进行近距离无线通信。搭载 NFC 技术的可穿戴设备能提供更好的便携性和更广泛的服务。NFC 芯片可以使设备实现移动支付功能，也可以用在交通卡、工卡、车库钥匙、家门钥匙等上面(图 3.16)。Apple Watch 率先通过 NFC 芯片支持 Apply Pay，掀起了 NFC 的热潮。目前这项技术在日韩被广泛应用，他们装载 NFC 芯片的手机可以用作机场登机验证、大厦的门禁钥匙、交通一卡通、信用卡、支付卡等。2018 年 3 月 30 日凌晨，苹果公司正式推送的 iOS11.3 系统加入“快捷交通卡”功能，意味着 iPhone 和 Apple Watch 终于可以“变身”NFC 交通卡了，这让北京、上海的苹果用户欣喜不已。而小米走在了苹果的前头——小米用户傲娇地表示小米公交已支持北上广深等 63 个城市，旗下 9 款带 NFC 功能的小米手机都可以使用。图 3.17 就是用户正在使用小米手机刷交通卡。

可穿戴设备的另一核心部件即各式各样的传感器，根据可穿戴产品面向的用户、主要功用的不同，其内置的传感器也不尽相同，如生物传感器、血糖传感器、脑电波传感器等。如图 3.18 所示的电子皮肤，是人工合成的穿戴式电子系统，因其和皮肤一样软而薄，又是贴在皮肤上的电子设备，因而被称为电子皮肤。它跟真实皮肤一样柔软轻薄，可以方便地贴覆到皮肤的不规则表面，帮助采集人体的各种生理信号或是感知不同的环境刺激，其工作原理与文身贴纸相似，先将传感器嵌入薄膜(厚度小于人体头发的直径)中，然后放置在聚酯衬底(类似文身贴纸)中，可以用于监控人体的体温、心率和肌肉活动等生命特征。

图 3.16 NFC 的广泛应用

图 3.17 使用小米手机刷公交卡

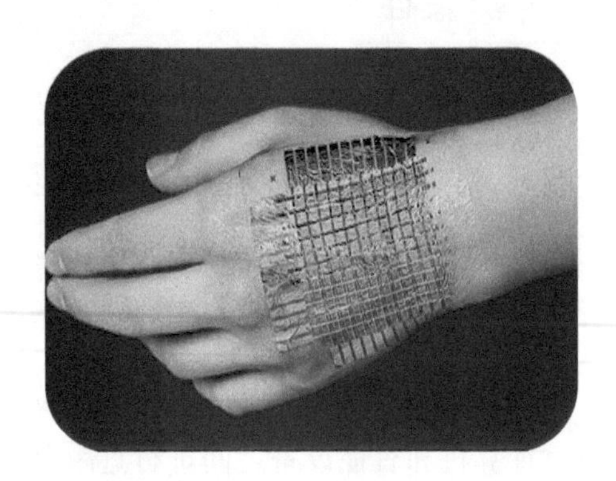

图 3.18 电子皮肤

交互模式

智能手机和平板电脑的传统交互方式如点按、触摸等，在小屏幕甚至无屏幕的可穿戴设备上体验较差。语音、姿势(手势)、眼球等交互方式更加适合可穿戴产品，这也是电子产品未来交互方式的变革方向。

语音交互是一种基于语音识别技术的智能交互方式。语音识别技术就是让机器通过识别和理解过程，把语音信号转变为相应的文本或命令的技术，如谷歌眼镜的语音操控就是对语音交互的运用。近些年来，语音识别技术得到了突飞猛进的发展。在第十四届上海世界旅游博览会上，一款可穿戴式即时语音翻译器咿哩(ili)获得了广泛关注。这是一款离线实时语音翻译器——无须任何网络环境，一键简单操作实现随时翻译，并且支持汉语、英语、日语、西班牙语 4 种语言。有趣的是，针对各种方言的语音识别技术也层出不穷。截至目前，科大讯飞公司出品的讯飞输入法已经能够支持粤语、四川话、河南话、东北话、天津话、湖南话、山东话等多种方言。所以，当你安装了讯飞输入法后，拿起你的手机用四川话说“巴适得很”，语音助手也可以自动识别。

图像识别是指利用计算机对图像进行处理、分析和理解，以识别各种不同模式的目标和对象的技术。可穿戴设备，尤其是配备摄像头的智能眼镜(如谷歌眼镜)或头戴式的虚拟现实设备，对基于图像识别的交互有着非常多的应用，如图片搜索，可用摄像头拍下照片，云端就会通过图像识别、人脸识别帮你快速找到你所要了解的信息并呈现在你面前。甚至，通过人脸识别技术，在硬件的支持下就可以实现各种需要验证的功能。例如，在购物时直接“刷脸”支付；下班回家时取代实体钥匙成为开门的凭据。遗憾的是，图像识别技术还尚未完全成熟。但令人惊喜的是，2017 年 9 月 12 日苹果发布了启用 3D 人脸识别技术的 iPhone X，成功使图像识别技术又向前迈了一大步。这种 Face ID 的解锁方式带来了一种全新的“刷脸”模式。

瞄一瞄就知道

人们已经习惯了应用智能手机“扫一扫”的便捷生活，而有了成熟的图像识别交互技术后，只要“瞄一瞄”就足够了。但随之而来的个人隐私被侵犯的问题，已经能够预见了，如图 3.19 所示。

图 3.19 图像识别交互眼镜中的世界

4 破冰突围 开启未来

在万事万物智能化、数据化后，可穿戴设备成为了连接人与物之间的智能钥匙。与需要时刻携带的手机相比，随时佩戴在人体上的可穿戴设备将是更加便捷的互联网入口。而近几年快速增长的可穿戴设备的出货量，无疑说明了可穿戴设备市场的巨大潜力。不论是互联网巨头，还是新创的小公司；不论是传统企业，还是蓬勃发展的互联网新贵，大量的参与者都看到了可穿戴设备的巨大应用前景，并决心共同为这一欣欣向荣的市场添砖加瓦。

然而，在过去的几年中，可穿戴设备领域虽然“热火朝天”，各种高科技的、酷炫的产品受到业界和媒体的高度关注，带来了一定的惊叹和欢呼，但实际的销售数量却表明消费者们并没有打算和他们一起“狂欢”。可穿戴设备遭受的冷遇，让它在这“冰火两重天”的境地中异常尴尬。

幸运的是，业界逐渐开始了审视和反思，不再盲目推出一些“高大上”的科技感产品，而逐渐开始重视可穿戴设备实际体验效果的改良和增值服务的完善。这也是谷歌眼镜遇冷与VR智能眼镜大获成功所带来的启示。兼顾智能终端与真正贴近用户需求且体验良好的可穿戴产品，才是广大消费者将要为之“狂欢”的优秀产品。

解决实际生活问题、切合用户实际需求、提高生活情趣和效率的可穿戴设备，必将能够破冰突围，开启未来。一起期待那可期的不遥远未来吧。

参考文献

陈根. 智能穿戴改变世界:下一轮商业浪潮[M]. 北京: 电子工业出版社, 2014.

程贵峰, 李慧芳, 冉伟. 可穿戴设备: 已经到来的智能革命[M]. 北京: 机械工业出版社, 2015.

杜堃, 谭台哲. 复杂环境下通用的手势识别方法[J]. 计算机应用, 2016, (07).

封顺天. 可穿戴设备发展现状及趋势[J]. 信息通信技术, 2014, (03): 52-57.

封顺天. 可穿戴设备在医疗健康领域的关键技术及应用场景分析[J]. 电信技术, 2016, 1(05): 32-34.

李凌睿. 我国可穿戴智能体育设备市场发展现状分析[J]. 劳动保障世界, 2017, (32): 56-58.

李延军, 李莹辉, 余新明. 穿戴式健康监测设备的现状与未来[J].航天医学与医学工程, 2016, 29(03): 229-234.

毛彤, 周开宇. 可穿戴设备综合分析及建议[J]. 电信科学, 2014, 30(10): 134-142.

孟祥旭. 人机交互基础教程[M]. 北京: 清华大学出版社, 2016.

陶美平, 马力, 黄文静, 等. 基于无监督特征学习的手势识别方法[J]. 微电子学与计算机, 2016, 33(01): 100-103.

王锋, 罗华峰.可穿戴人机交互中的 Eyes-Free 技术研究进展与分析[J]. 昆明理工大学学报(自然科学版), 2015, (05): 125-131.

徐旺. 可穿戴设备:移动的智能化生活[M]. 北京: 清华大学出版社, 2016.

于乃功, 王锦. 基于人体手臂关节信息的非接触式手势识别方法[J]. 北京工业大学学报, 2016, 42(03): 361-368.

于南翔, 陈东义, 夏侯士戟. 可穿戴计算技术及其应用的新发展[J]. 数字通信, 2012, 39(04): 13-20.

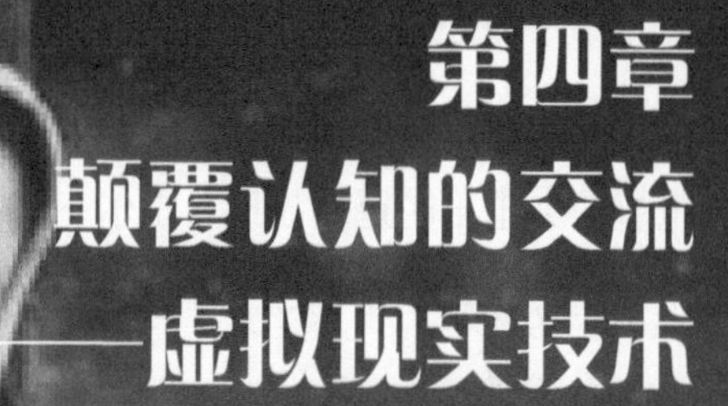

第四章
颠覆认知的交流——虚拟现实技术

- 从一部令人细思极恐的电影说起
- 虚拟现实技术是什么？
- 虚拟现实技术从哪来？
- 虚拟现实技术的实现
- 虚拟现实技术到哪去？

人类很早就已经开始思考虚与实的关系，无论是昔者庄周梦蝶，还是《异次元骇客》中编者对虚与实的想象。人类一直在思考到底什么是真，什么是假？何为虚，何为实？本章从技术的角度，展示科学是怎样打破两者之间界限的。

1　从一部令人细思极恐的电影说起

相信大家对科幻电影《异次元骇客》(图 4.1)都有这样的观影体会，第一遍看的时候对剧情并不是很明白，当虚拟现实技术开始走红后，才恍然大悟这不就是虚拟现实的高配版嘛！电影的男主角叫道格拉斯 · 霍尔，是一个极富想象力的计算机天才，他和小伙伴富勒一起将虚拟现实发挥到了极限——在计算机上模拟了 1937 年的洛杉矶。霍尔和富勒建立的这个虚拟世界简直就像一个平行宇宙空间，里面的人物都是对应现实生活中的某个人设定的高度仿真人，他们每天正常地生活、工作、娱乐……却完全不知道自己只是现实生活中的一组数据而已(图 4.2)。使用者通过下载的方式，将自己的大脑和计算机设备连接，然后就可以使用虚拟世界中相应的人物，体验另外一种生活。

图 4.1　《异次元骇客》

但是，有一天虚拟世界中的酒保发现了这个秘密，富勒在调查酒保的过程中，却发现了一个更大的秘密，原来自己所处的世界也不过是被 2024 年的人类所创造出来的幻境。为了掩盖事实真相，2024 年的人类大卫，借用霍尔的手杀掉了富勒。一朝醒来，霍尔发现自己的好搭档被人谋杀，而自己很可能就是这个嫌疑犯。为了洗脱嫌疑，霍尔进入 1937 年的洛杉矶，去寻找富勒留下的线索。在这个过程中，几近疯狂的酒保在虚拟的 1937 年的洛杉矶，杀掉了和霍尔一起来寻找线索的探长，从而占据了探长的身体，来到了霍尔所在的时空。而霍尔又干掉了来追杀他的大卫，占据了大卫的身体来到了 2024 年的时空。影片中的虚虚实实、真真假假纠缠不清，剥开层层面纱，最终的真相骇人听闻。更为可怕的是，影片中的虚拟世界已经开始渗透并影响着真实的世界，让观众忍不住怀疑断电后的 2024 真的就是虚拟的终结吗？

图 4.2 《异次元骇客》中虚拟世界的边沿

现在 VR 技术已经走下屏幕，开始改变我们的生活，当然，离电影中的描述还有很大的差距，但是联想到这个电影，我们不禁开始思考虚拟现实的未来会走向何方？当然，这个问题可能无解。所以我们还是进入本章的正题，看看当今 VR 技术是怎么一回事儿吧！

2 虚拟现实技术是什么?

常言道眼见为实，耳听为虚，但当 VR 技术逐渐渗透到我们生活中的时候，眼见却不一定还是真实的了！2009 年 2 月，VR 技术被美国工程院评为 21 世纪 14 项重大科学工程技术之一。那么 VR 技术究竟是什么?

VR 技术

VR 是英文 virtual reality 的缩写，翻译过来就是虚拟现实。美国 VPL 公司的创始人之一杰伦 · 拉尼尔在 20 世纪 80 年代正式提出了“virtual reality”一词。随着相应研究的深入，这一概念逐渐被研究人员所普遍接受，并成为一个专用名词。其中虚拟是指用户所感知的这个世界以及环境并不是真实的，而是由计算机生成的；现实则是泛指在物理意义或功能上存在于世界的任何事物与环境，它可以是客观存在的，也可以是在客观世界难以实现的。简单来讲，VR 技术就是指采用以计算机技术为核心的现代高科技手段生成逼真的视、听、触、嗅、味等各个感觉一体化的虚拟环境，用户从自己的视角出发，借助特殊的输入输出设备，采用自然的方式与虚拟世界的物体进行交流互动。

科学家画廊

杰伦 · 拉尼尔

杰伦 · 拉尼尔(Jarn Lanier，生于 1960 年)，美国人，曾入选美国《时代》周刊 2010 年 100 位最具影响力的人。拉尼尔具有多种角色——计算机专家、艺术家、思想家等。作为思想家的拉尼尔，对人类的最大贡献在于，提出了 21 世纪网络时代的担忧：“网络的滥用会压制个人声音，而个人的本性将消逝在网络中。”

家族成员

虚拟现实系统分类的标准有很多，目前采用较多的是按其沉浸程度和交互方式的不同进行分类，大致可以分为沉浸式虚拟现实系统(immersive VR)、桌面式虚拟现实系统(desktop VR)、增强式虚拟现实系统(aggrandize VR)、分布式虚拟现实系统(distributed VR)。

沉浸式虚拟现实系统从沉浸程度上来讲是最高的，它通常采用头盔式显示器(图 4.3)或者洞穴式立体显示设备(图 4.4)将用户的感觉封闭起来，达到屏蔽现实世界，提供一个全新的虚拟感觉空间的作用，从而使用户获得身临其境、完全投入的沉浸感。

图 4.3　头盔式显示器

图 4.4　洞穴式立体显示设备

桌面式虚拟现实系统(图 4.5)相比于沉浸式虚拟现实系统，沉浸程度要弱一些，用户主要是采用个人计算机或者初级图形工作站等设备作为虚拟现实世界的一个窗口，通过各种输入设备实现与窗口内的虚拟世界的交互，这种虚拟现实系统对设备的要求较低，成本也更低，但是难以使用户产生完全沉浸的感觉。

图 4.5　桌面式虚拟现实系统

增强式虚拟现实系统中，增强的是现实感。这里是通过将虚拟对象与真实环境融为一体，从而使用户既能看到真实的世界，也能看到虚拟的对象，从而达到一种亦真亦幻的感觉。常见的增强式虚拟现实系统有基于单眼显示器的系统(图 4.6)、基于台式图形显示器的系统、基于光学透视式头盔显示器的系统等。

分布式虚拟现实系统(图 4.7)，是指基于网络构建的虚拟环境，能够将位于不同物理位置的多个用户或者多个虚拟环境通过网络相连接并共享信息，从而使用户的协同工作达到一个更高境界的系统。这种虚拟现实系统主要被应用于远程虚拟会议、虚拟医学会诊、多人网络游戏、虚拟战争演习等领域。

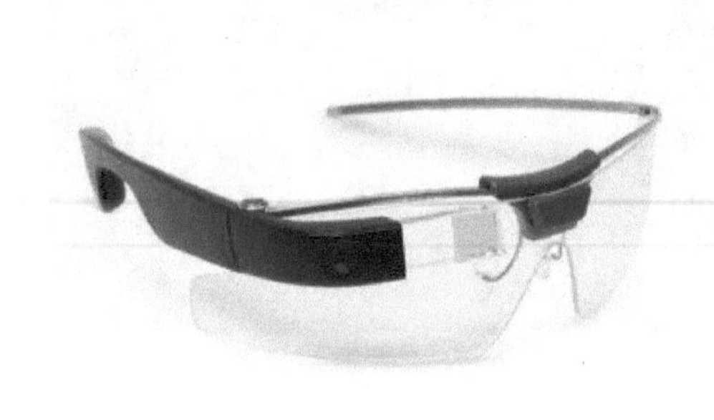

图 4.6　基于单眼显示器的系统

图 4.7　分布式虚拟现实系统

3　虚拟现实技术从哪来?

就像一夜爆红的明星，VR 技术似乎一夕之间，就变成了一个热门话题。但事实上，VR 技术和所有的科技进步一样，都是经过漫长的孕育才得以厚积薄发的。总的来说，虚拟现实技术的发展可以大致分为三个阶段：探索阶段、系统化阶段、高速发展的阶段。

探索阶段

20 世纪 50 年代到 70 年代末，是 VR 技术初步探索的一个时期。1957 年美国多媒体专家莫顿 · 海利希研制出一套能够提供给观众多种感官刺激的立体电影系统，他将之命名为 Senorama(图 4.8)，Senorama 能产生立体声音和不同的气味，座位也能根据剧情的变化摇摆或振动，观看时还能感觉到有风在吹动。但是 Senorama 只能供单人观看立体电影，它仅是机械式的设备，而不是数字化的系统。

1965 年，计算机图形学奠基者伊凡 · 苏泽兰，首次提到计算机生成的图像应该可以逼真到和现实世界别无二致。在随后几年中，苏泽兰在麻省理工学院开始研制头盔式显示器(HMD)的工作，1966 年第一个头盔式显示器“达摩克利斯之剑”问世。1968 年伊凡 · 苏泽兰研制出了第一个计算机图形驱动的头盔显示器。1970 年，美国的 MIT 林肯实验室研制出了第一个功能较为齐全的头盔式显示器系统(图 4.9)。

图 4.8　Senorama

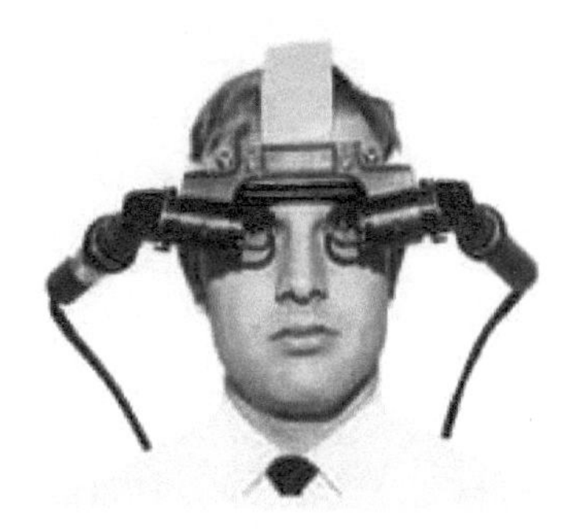
图 4.9　头盔式显示器

伊凡·苏泽兰

伊凡·苏泽兰(Ivan Sutherland，生于1938年)有着“虚拟现实之父”“计算机图形之父”等数个头衔，他无疑是VR技术最伟大的先驱者和思想者之一。作为早期计算机技术的研究者和倡导者，他不但是新技术的发明者和推广者，更是左右着人们思想的一位精神导师，像互联网、鼠标、图形操作系统、电子绘图、智能机器人等这些划时代的技术发明，无一不是从他的理论中获得的灵感。

系统化阶段

20世纪70年代初期到90年代初期，是VR技术系统化、从实验室走向实用的阶段，在这一阶段促进VR技术发展的主要动力来自军事需要。这一时期的主要成果包括70年代末和80年代早期，美国军方开展的“飞行头盔”和军事现代仿真器的研究；1983年，美国国防部高级研究计划局(DARPA)和美国陆军共同为坦克编队作战训练开发了一个实用的虚拟战场系统SIMNET(图4.10)。1984年美国宇航局(NASA)研发的虚拟环境显示器构造了三维的虚拟火星表面环境，随后又成功研制出具有现代虚拟现实系统雏形的VIVED系统；1993年波音公司利用VR技术完成了拥有300万个零件的波音777飞机的组装。

图4.10　虚拟战场系统

这一阶段对VR技术进行的深入研究，为后面VR技术能够进一步发展和推广做出了巨大的贡献。

高速发展阶段

20 世纪 90 年代中后期，VR 技术进入高速发展的时期。迅速发展的计算机硬件技术、软件系统，使得基于大型数据集合的声音处理和图像的实时动画制作成为可能，人机交互系统的设计不断在创新，新颖、实用的输入输出设备不断地涌入市场，网络的飞速发展也为 VR 技术的普及奠定了坚实的基础。VR 技术开始进入普通民众的生活之中，在世博会、春晚、文化创意产业、3D 电影等场合都有 VR 的身影。

趣闻插播

“什么都没有”的博览会

1996 年 11 月，地球上的第一个 VR 技术博览会于伦敦召开。这是一个没有场地、没有工作人员、没有真实产品的“三无”博览会，参展人员甚至都不用到伦敦去！只要连上因特网输入博览会网址，世界各地的人都可以参加这个博览会。这个虚拟的展厅中有大量的展台，人们可以从不同的角度和距离观看展品，点击展台旁的人物照片，人物马上就会“活”过来，向你进行展品介绍；如果看到展厅内有门，点击门把手，就能进入下一个展厅。

4 虚拟现实技术的实现

要达到以假乱真的效果，VR 技术必须向用户提供视、触、听、嗅、味等全方位的感官体验，这就要求相关技术必须全方位发展。总的来看，VR 技术的技术设备大致可以分成三大板块：输入设备、输出设备、虚拟世界生成设备。

输入设备

VR 技术要实现人机交互，就离不开输入和输出设备，这里输入设备主要是实现由人到机器的信息传送。虚拟现实系统的输入设备总体上可以分成三大类，即虚拟物体操纵设备、三维定位跟踪设备、快速建模设备。

1) 虚拟物体操纵设备主要是为了实现对虚拟环境中三维物体的操纵，主要有数据手套、数据衣、三维鼠标、力矩球等。

手是人类身体中非常重要的一个部分，因为手在我们与外界进行物理接触以及意识的表达中，充当着主要媒介的角色。基于手的交互设备有很多，这一类的交互设备最常见的形式就是数据手套(图 4.11)。

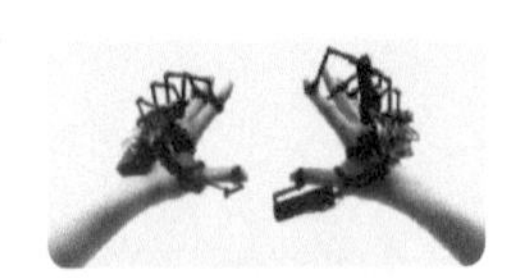

图 4.11 数据手套

与数据手套相似，数据衣最重要的功能也是为了捕捉动作信息。数据衣的穿戴者在每个关节附近都佩有标志点(各种传感器)，通过标志点之间的位置、角度等变化来得到穿戴者的动作数据。目前数据衣在影视作品中的应用效果十分显著，如《阿凡达》《指环王》《猩球崛起》《极地特快》等作品中，都大量的应用了数据衣来采集动作数据，使虚拟人物的表情、肢体动作更加的真实优美（图 4.12）。

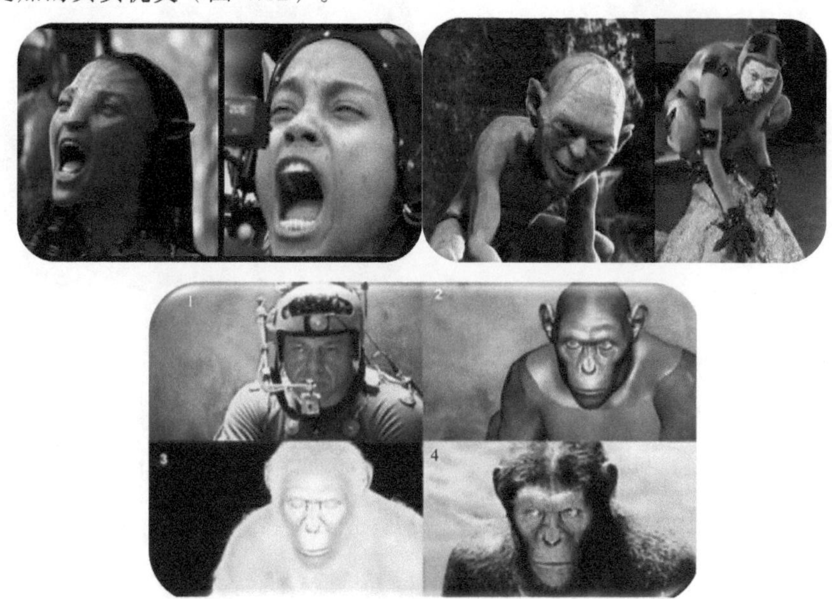

图 4.12　影视作品中数据衣的应用

三维鼠标和力矩球都是三维控制器。三维鼠标能够帮助用户感受三维空间的运动，在虚拟空间的 6 个自由度中完成各种动作，其原理主要是利用鼠标内的超声波或者电磁发射器发射信号，让接收设备获得鼠标空间位置的变化，从而记录用户的动作。力矩球(图 4.13)通常是固定在某一个平台上，用户在扭转、挤压、摇摆力矩球的过程中，发光二极管就将力以及力矩的信息发送到光接收器上。

除了以上的几种虚拟物体操纵设备外，操纵杆、笔式交互设备、视线跟踪设备、语音识别输入设备、基于视觉的输入设备都能够帮助用户实现对虚拟物体的操纵。

2）三维定位跟踪设备主要的功能是获得位置与方位的信息，是 VR 技术中非常重要的一类传感器设备。为了准确地定位被跟踪对象，三维跟踪设备与被跟踪对象之间应当是无干扰的，所以这类设备都是“非接触式传感器”。现有的三维定位跟踪设备用到的技术有磁跟踪技术、声学跟踪技术、光学跟踪技术、机械跟踪技术、惯性位置跟踪技术等。

磁跟踪技术的原理就是利用磁场的强度变化来进行方位的确定，该设备主要包括三部分，发射器、配套接收器以及计算机控制部件(图 4.14)。发射器发射电磁场，接收器捕捉到相应的磁场信息之后，转化成电信号再传送给控制部件计算出跟踪目标的位置信息。

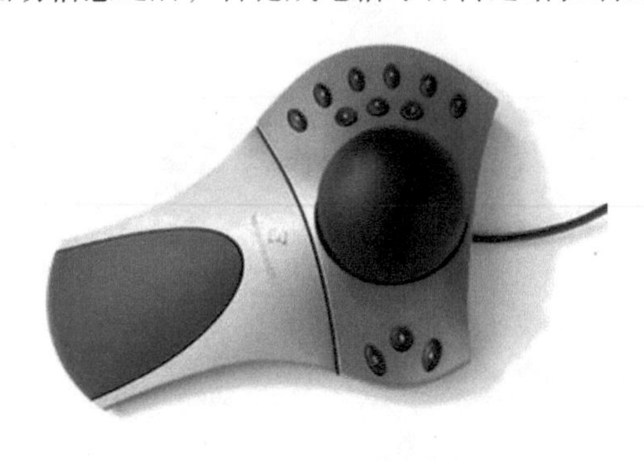

图 4.13　力矩球

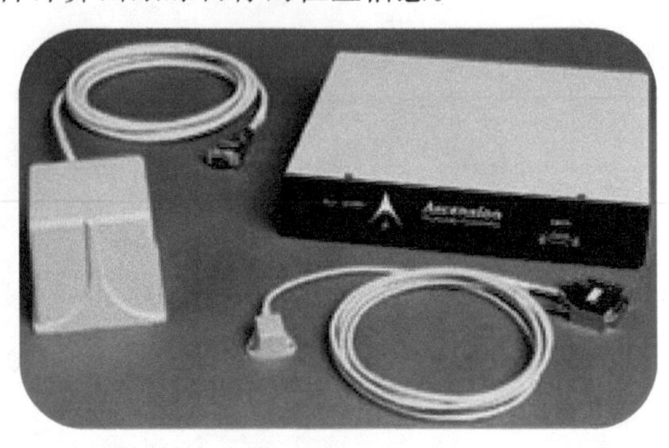

图 4.14　电磁跟踪器

声学跟踪技术采用的是超声波，超声波在空气中容易衰减，因此此技术一般用于小范围的跟踪定位。声学跟踪器也由三部分组成：发射器、接收器、电子组件。如图 4.15 所示，发射器是由 3 个相距一定距离的超声扩音器 M_1、M_2、M_3 组成，接收器是固定在待定位物体（t）上的 3 个距离较近的超声话筒(扩音器和话筒的位置可以对调)。超声扩音器可以发射高频超声脉冲，话筒接收到后，根据信号的时间差、相位差以及声压差就可以计算出待测物体的位置。

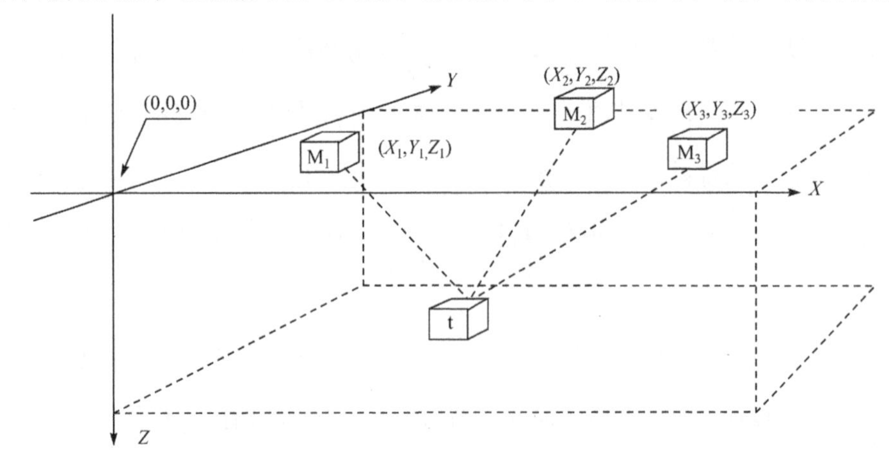

图 4.15　声学跟踪技术原理

光学跟踪技术主要是利用摄像机拍摄图像，然后通过立体视觉计算得出待测物体的位置和方向，这种跟踪技术较为精确但是易受视线阻挡的限制；机械跟踪技术主要是通过机械臂上的参照点与被测物体相接触的方法来检测位置的变换；惯性位置跟踪技术主要是应用于不需要位置信息的跟踪，完全是通过对运动系统的内部进行计算，来得出物体的运动情况(图 4.16)。

3)快速建模设备主要包括三维扫描仪和基于视频图像的三维重建技术。三维扫描仪又称作三维模型数字化仪(图 4.17)，能够将实际物体的信息转换成数字信号，方便电脑对物体进行三维建模。三维扫描仪与传统的各种扫描设备不同，它扫描的对象是立体的物体；它扫描时不仅可以获得物体表面采样点的空间信息，还可以得到采样点的色彩信息，有的三维扫描仪甚至可以得到物体内部的结构信息；最后三维扫描仪输出的是包含每个采样点空间信息以及色彩信息的一个数字模型文件(图 4.18)。

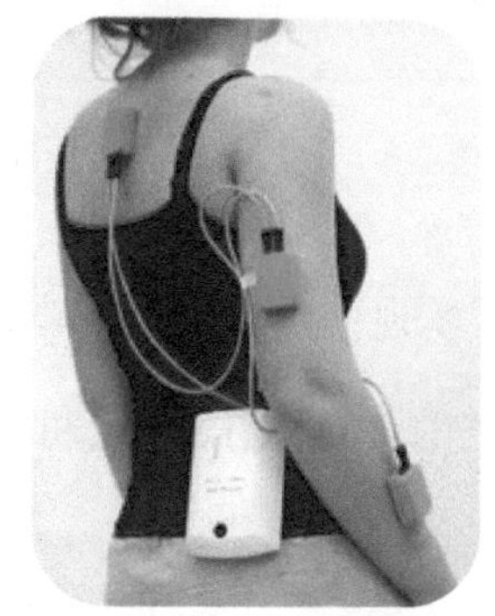

图 4.16　惯性动作捕捉设备

图 4.17　三维扫描仪

基于视频图像的三维重建技术则是一种采用建模方式来重建物体三维信息的技术，这种技术既可以对静态的物体进行三维重建，也能够捕捉动态物体的相关信息，建立包含三维空间和时间的四维模型，也是一种非常重要的输入技术。

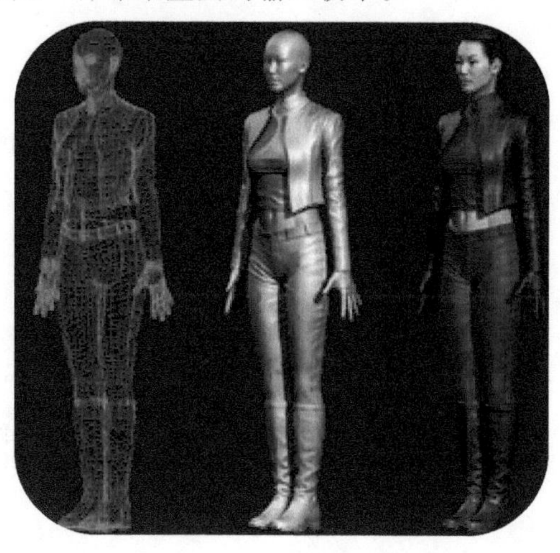

图 4.18　三维建模效果图

工具箱

弯曲传感器：它的表面是一层特殊的电阻材料，当传感器受力发生弯曲形变的时候，表面的电阻即发生变化。

霍尔效应传感器：是根据霍尔效应制作的一种磁场传感器，通过霍尔效应实验测定的霍尔系数，能够判断半导体材料的导电类型、载流子浓度及载流子迁移率等重要参数。

自由度：在统计学中，自由度指的是计算某一统计量时，取值不受限制的变量个数。

声压差：声压就是大气压受到声波扰动后产生的变化，即为大气压强的余压，声压差相当于在大气压强上叠加一个声波扰动引起的压强变化。

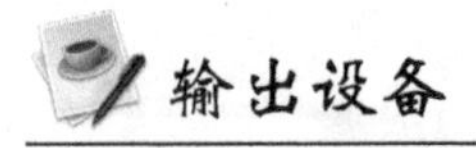

输出设备

VR 技术的输出设备与输入设备功能相似，主要是为了实现信息从计算机到人的传递。现今较为成熟的输出设备主要有视觉、听觉以及触觉和力觉的感知设备，味觉和嗅觉的感知设备尚待进一步的开发。

1）视觉感知设备主要是将计算机生成的虚拟现实世界的图像展现给用户。人们在日常生活中看到的事物都是三维的，这主要是由于人眼在观察事物时，两只眼睛看物体的距离或角度的不同而导致的视差，经过视神经系统的处理，在大脑中被合成了一幅三维立体的景象(图 4.19)。

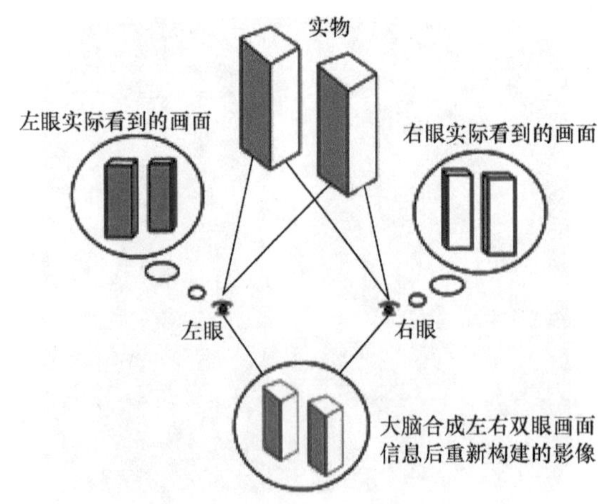

图 4.19　人眼立体成像原理图

VR 技术为了输出三维的图像信息，采用了分光、分时、分色、视差屏障、双凸透镜等显示技术，让进入用户眼睛的图片变成立体的。目前 3D 电影中多采用的就是分光立体显示技术，3D 电影先是通过一个像人眼一样的双镜头摄像机(图 4.20)，拍摄出略有差别的两组镜头(就像人眼所看到的两幅场景)，在放映的时候先在放映机前加上一块偏振片，使投射到屏幕上的光线成为偏振光(此时人眼只能看到一幅模糊的景象)，然后再让观众戴上一副左右镜片的偏振方向相互垂直的偏振眼镜(图 4.21)，左、右眼就会看到不同的景象，最终形成一个立体的视觉效果。

图 4.20　双镜头摄像机

图 4.21　偏振眼镜

分时立体显示技术是将左右眼的图像在不同的时间播放，播放左眼图像时，眼镜的右眼快门关闭遮住右眼；播放右眼图像时，眼镜的左眼快门关闭遮住左眼，两套图像切换的速度极快，在人眼的视觉暂留特性的作用下，双眼看到的景象就合成了一幅连续且立体的场景(图 4.22)。

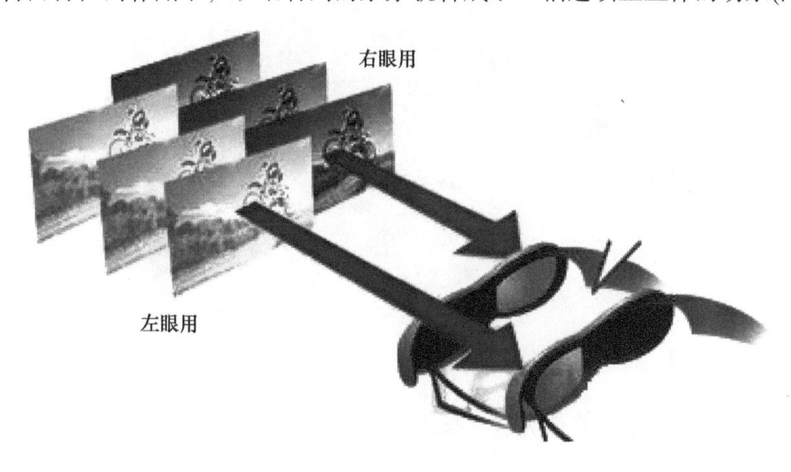

图 4.22　分时立体显示技术原理

分色与分时立体显示技术原理类似，主要是通过让不同颜色的色光进入不同的眼睛，从而达到形成视觉差的效果。比如说采用滤光技术拍摄的3D电影，拍摄的时候在左右镜头上分别加装红或蓝色的滤光镜，在播放的时候观众戴上相应的红蓝滤光眼镜，左右眼的偏色场景，经过大脑的选择和处理之后就形成了接近原始色彩的立体场景(图4.23)。

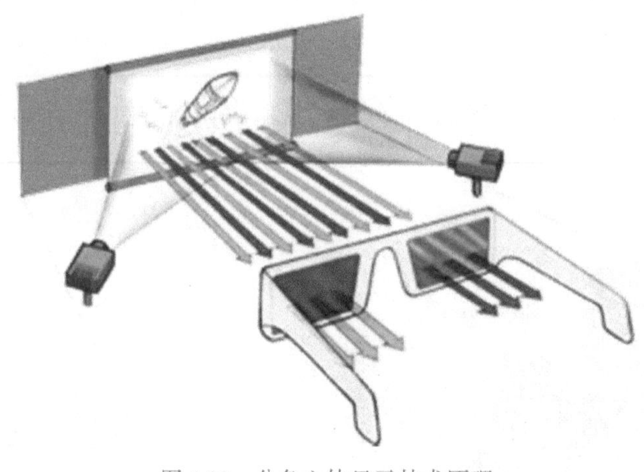

图4.23　分色立体显示技术原理

视差屏障和双凸透镜立体显示技术，都是不需要采用任何辅助设备的裸眼立体显示技术，裸眼3D技术被赞为图像领域的第二次革命(第一次是彩色代替黑白)。视差屏障立体显示技术主要是利用安置在屏幕和眼镜之间的视差屏障(液晶层和偏振膜组成)，让左眼和右眼分别只能看见一部分角度的光线，从而达到和佩戴各种3D眼镜后相同的效果(图4.24)。

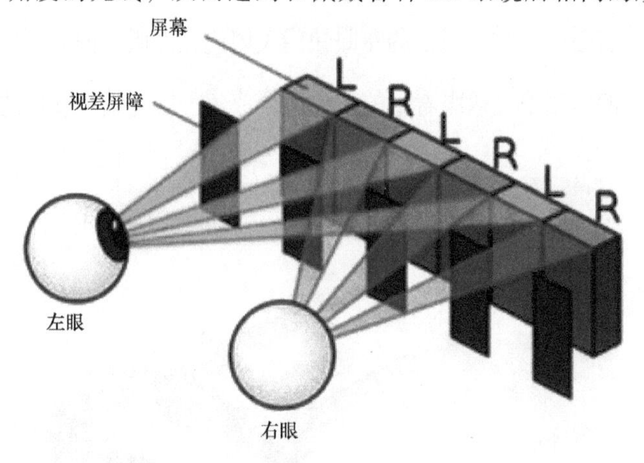

图4.24　视差屏障立体显示技术原理

双凸透镜与视差屏障技术的原理类似，只是将视差屏障换成了柱状透镜。屏幕处于柱状透镜的焦平面上，这样左右眼的子像素就会被柱状透镜分别投射到对应的眼睛中去(图4.25)。

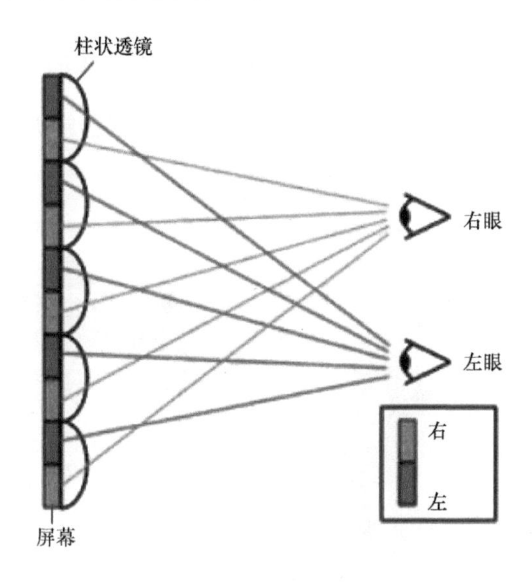

图 4.25　双凸透镜立体显示技术原理

2）听觉是人类获取信息，仅次于视觉的一个渠道，因此在虚拟现实系统中，听觉感知设备也是非常重要的一类输出设备。同人眼看到立体图像的原理类似，人耳听到三维立体的声音，主要也是由于两只耳朵接收同一个声音时具有相位差，人耳能够以此来辨别声源的位置。目前主要的听觉感知设备有立体声耳机和多声道音箱，后者声音更大，且可供多人使用，但是在声音的空间定位上没有耳机准确。

3）触觉和力觉感知设备是从细微之处出发，让虚拟世界更加真实的装置。触觉是指人体皮肤对热、压力、振动、滑动、物体表面纹理以及粗糙程度等特性的感知，现有的触觉感知装置主要是通过电刺激、神经肌肉刺激、气流刺激或振动刺激等方式，让皮肤产生各种触感，与通过视觉和听觉得到的信息相配合，让用户与虚拟世界更加精确地交互，如图 4.26 所示为外骨骼式触觉感知手套。

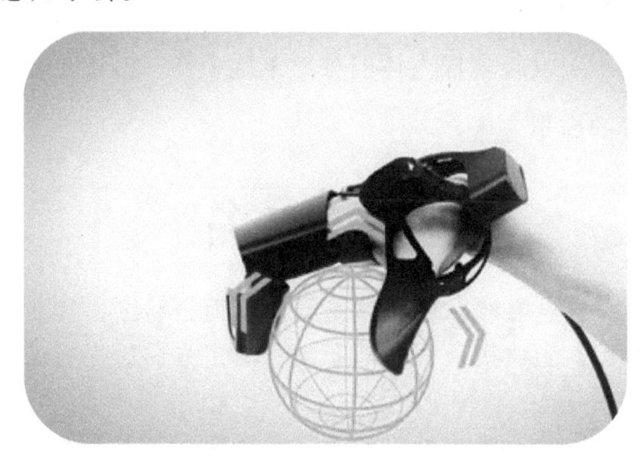

图 4.26　外骨骼式触觉感知手套

力觉感知主要是通过相应的技术手段，将虚拟空间中物体的空间运动，转换成物理设备的机械运动，从而让用户感受到真实的受力感和方向感。现在常见的力觉感知设备有力反馈鼠标、力反馈手臂(图 4.27)、力反馈轻便操纵杆等。

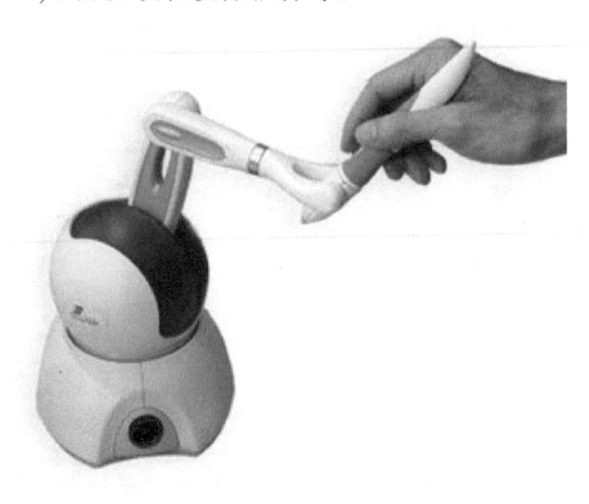

图 4.27　力反馈手臂

虚拟世界生成设备

在 VR 技术中，计算机是生成虚拟世界的必备设备，这里生成虚拟世界的计算机既包括各种硬件设施，也包含相应的软件系统。按照硬件设施的不同，虚拟现实世界的生成设备主要可以分为：基于高性能个人计算机、基于高性能图形工作站、高度并行的计算机系统、基于分布式计算机的虚拟现实设备。VR 技术的应用软件系统可完成的功能包括：虚拟世界中物体的几何模型、物理模型、行为模型的建立，三维虚拟立体声的生成，模型管理技术及实时显示技术，虚拟世界数据库的建立与管理等几部分。

虚拟现实技术的这三类设备就像人体的神经系统一样，相互配合、缺一不可，最终才能够为用户提供一场完美的虚拟之旅。

工 具 箱

偏振光：光是一种电磁波，电磁波是横波。而振动方向和光波前进方向构成的平面叫做振动面，光的振动面只限于某一固定方向的，叫做平面偏振光或线偏振光。

图形工作站：是一种专业从事图形、静态图像、动态图像与视频工作的高档次专用电脑的总称。

5　虚拟现实技术到哪去？

VR 技术能够创造一个虚拟世界，在这里人们可以学习、游戏、运动、交流……尽情享受 VR 技术带来的便利。虽然现今的 VR 技术远远达不到电影、小说中的程度，但是逐渐成熟的 VR 技术终将改变世界。

娱乐

真正让 VR 技术进入大众视野可能主要归功于它在娱乐上的应用。在电子游戏中，参与者利用各种虚拟现实设备，让自己恍若置身于一个真实的游戏环境中(图 4.28)，敌人射过来的每一颗子弹都好像能打中自己，自己的每一次操作，周围环境都会给予相应的反馈，这种体验是以往的游戏所不能给予的，所以，难怪 NVIDIA CEO 黄仁勋会宣称："游戏的未来是虚拟现实。"

图 4.28　跳伞模拟器

在影视行业，3D电影早就已经将VR技术呈现在观众的眼中，观众通过佩戴3D眼镜让银幕中的人物都“活”过来，影院还通过座椅的振动、水雾的喷洒以及气流的吹动让观众的沉浸感更强(当然目前的3D电影还难以做到让观众完全沉浸)。此外，针对个人的虚拟现实眼镜也正一一面世，比如Gear VR(图4.29)就是三星在2015年发布于巴塞罗那展会的一款虚拟现实眼镜。Gear VR并未在眼镜中集成太多的硬件，而是需要跟三星手机配合使用，才能享受Gear VR眼镜带来的震撼视觉效果。此外宏达公司也曾推出过一款叫做HTC Vive(图4.30)的虚拟眼镜，暴风影音推出的暴风魔镜(图4.31)在2015年的6月已经更新到第三代了。

图4.29　Gear VR

图4.30　HTC Vive

图 4.31　暴风魔镜

2015 年 Sixense、SapientNitro 发布虚拟现实购物平台。在这个虚拟的购物平台上，买家需要戴上 Oculus 耳机来提供自己头部和身体的实时定位信息，通过手握两只操纵杆来进行购物操作。买家进入由计算机生成的虚拟服装展厅，用虚拟手指触摸相应的按钮来选择衣服、鞋子、礼品卡等，如果买家选中了一款鞋子，展厅中央的模拟人脚可以帮助买家进行试穿(图 4.32)。当然，这样的虚拟购物可能还不足以完全满足用户的个性需要，毕竟每个人的脚不会完全相同，但是可以预见随着技术的进步，虚拟现实购物平台终将大放异彩。

医学

VR 技术在医学中同样也有着广泛的应用，如虚拟人体(图 4.33)、虚拟手术、虚拟医学教学(图 4.34)、医疗可视化以及心理治疗等。虚拟人体是在 VR 技术的支持下，模拟人体的各个部位和功能，这样外科医生就能够在进行复杂手术之前，针对病患的三维人体模型进行相应的大量练习，以此来提高手术的成功率。在医学教学中，虚拟现实能够帮助教师更加生动形象地展示医学案例，帮助学生更加深刻地认识人体。

图 4.32　虚拟现实购物

图 4.33　虚拟人体

图 4.34　虚拟医学教学

医疗可视化则是帮助医生采集医学实验数据的一种有效手段，人体是一个复杂的动态系统，虚拟现实的可视化技术，能够将采集的人体数据，完整生动地展示在我们面前。至于VR 技术在心理治疗方面的应用，已经有成功案例存在，比如瑞典查尔姆斯理工大学的博士生 Max Ortiz Catalan，在治疗截肢患者 Ture Johanson 时，曾利用增强现实的游戏来帮助患者改善幻肢痛；对于烧伤患者可以利用 VR 技术为他们营造一个低温的虚拟环境(比如说雪地)，帮助他们转移注意力，从而达到止痛的效果；对于创伤后压力心理障碍症(PTSD)患者，可以通过虚拟现实再现创伤环境，以此来克服创伤。

教育

对于学校教育，虚拟现实一样有着它的用武之地，比如说虚拟实验室(图 4.35)能够给学生提供生动有趣的实验，特别是提供一些特殊条件，如真空条件、高温条件，或者是费时很久的实验，都能够通过虚拟现实让学生有机会去尝试操作。虚拟课堂能够将教学的场地无限拓展，比如介绍某种地理生态环境时，就可以通过 VR 技术为学生真实地营造出相应的环境帮助学生理解。还有虚拟图书馆、虚拟校园和虚拟演播室等，都是 VR 技术辅助教学的应用。

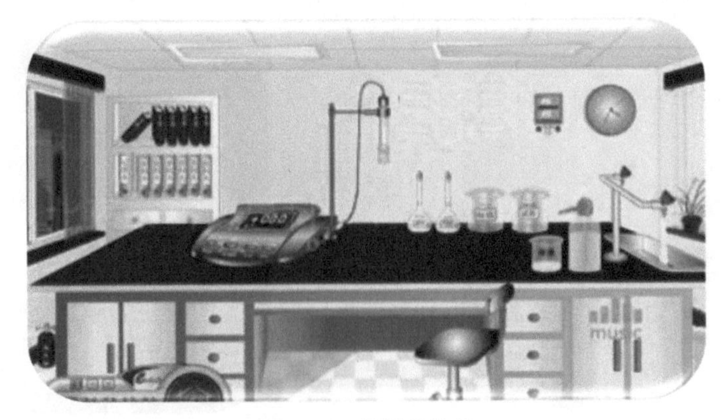

图 4.35　虚拟实验室

除了上述一些领域，VR 技术在军事、航天、室内设计、建筑设计、城市规划、文化艺术、工业生产等相关的领域都有着广泛的应用。当然，VR 技术目前仍然还有许多需要克服的问题，比如实时成像问题、高速图像处理问题、智能技术问题等，但不可否认的是，VR 技术是一项应用前景巨大、充满无限可能的高新技术。

参考文献

卞锋，江漫清，桑永英.虚拟现实及其应用进展[J].计算机仿真，2007，(06):1-4，12.
高建华，邓亚明.虚拟现实技术在现代教学中的应用研究[J].电脑开发与应用，2011，(01):22-23.
胡卫红，刘道光，王倩，等.虚拟现实技术在教育教学中的应用与研究[J].山东省青年管理干部学院学报，2007，(06):139-141.
胡小强. 虚拟现实技术[M]. 北京：北京邮电大学出版社, 2005.
黄海. 虚拟现实技术[M]. 北京：北京邮电大学出版社, 2014.
贾惠柱. 虚拟现实中立体显示技术的研究与实现[D]. 大庆石油学院, 2002.
荆芒，刘云，张昕. 虚拟现实技术在医学领域的应用[J]. 智慧健康, 2016, (10): 46-49.
李敏，韩丰.虚拟现实技术综述[J].软件导刊，2010，(06):142-144.
刘贤梅，李勤，司国海,等. 虚拟现实技术及其应用[J]. 大庆石油学院学报，2002，(02): 112-115, 140-141.
苏建明，张续红，胡庆夕.展望虚拟现实技术[J].计算机仿真，2004，(01):18-21.
王振德，王艳春.虚拟现实技术及其在虚拟校园中的应用研究[J].安徽农业科学,2013，(07):3223-3224，3235.
张晨，刘博. 虚拟现实技术的应用研究[J]. 数字技术与应用, 2015, (11): 46.
张娟，冯婕.虚拟现实技术在虚拟商城中的应用[J].改革与开放，2010，(22):126-127.
赵娟娟，李志锋.虚拟现实技术在医学领域的应用研究[J].硅谷，2009，(23):60.
赵沁平.虚拟现实综述[J].中国科学（F 辑:信息科学），2009，(01):2-46.
周忠，周颐，肖江剑. 虚拟现实增强技术综述[J]. 中国科学:信息科学，2015，(02): 157-180.

第五章 梦想照进现实——3D打印

- 3D 打印及其技术应用
- 打印要革命
- 3D 打印过程
- 畅想 3D 打印

晴朗的早晨，从 3D 打印的床上起来，先是用 3D 打印一份“蛋糕”；填饱肚子后，再用 3D 打印今年时髦的“衣服”“鞋子”“领带”和“皮带”或者“耳环”和“项链”等；打扮好之后，乘上 3D 打印的“汽车”去上班……

美好的一天从 3D 打印开始……

1　3D 打印及其技术应用

“来杯格雷伯爵茶，热的！”

对《星际迷航》(图 5.1)的粉丝而言，这项技能也许让他们想起让-卢克 · 皮卡德舰长在“联邦星舰企业号”星舰顶用声控复制器点了一杯他最喜欢的饮品：“来杯格雷伯爵茶，热的。”几秒钟之后，他选择的饮品就出现在他面前。这个设备叫做“replicator”——一种响应及时请求、重组基本材料创造新事物的机器。这就是 3D 打印的一种。

什么是 3D 打印

顾名思义，3D 打印和三维立体有关系，是快速成型技术的一种，它是以数字模型文件为基础，运用粉末状金属或塑料等可黏合材料，通过逐层打印的方式来构造物体的技术。相对于二维来说，普通的打印机打印出来的都是书面的纸张和图片；3D 打印出来的是实实在在的物体(图 5.2)。就像盖房子，都是用砖瓦一层一层地堆砌起来，搭屋建梁，其实 3D 打印的工作原理也是如此。

图 5.1　《星际迷航》影片截图

图 5.2　3D 打印出来的物体

3D 打印技术真正意义上的发展是在 20 世纪 90 年代中期，实际上是利用光固化和纸层叠等技术的最新快速成型装置。它与普通打印工作原理基本相同，打印机内装有液体或粉末等“打印材料”，与电脑连接后，通过电脑控制把“打印材料”一层层叠加起来，最终把计算机上的蓝图变成实物，这种打印技术称为 3D 打印技术。

1986 年，美国科学家 Charles Hull 开发了第一台商业 3D 印刷机。

1993 年，麻省理工学院获 3D 印刷技术专利。

1995 年，美国 ZCorp 公司从麻省理工学院获得唯一授权并开始开发 3D 打印机。

2011 年，南安普敦大学的工程师们开发出世界上第一架 3D 打印的飞机。

2012 年，英国科学家利用人体细胞首次用 3D 打印机打印出人造肝脏组织。

2013 年，全球首次成功拍卖一款名为“ONO 之神”的 3D 打印艺术品。

……

随着 3D 打印技术的日趋成熟，其在汽车、航空、医疗、教育、电子消费品等领域有了更为广泛的应用，其中 3D 打印在航空和汽车领域的发展已经比较成熟，而生物医疗则成为了最近 3D 打印研究的热门领域。

3D 打印技术的应用

(1) 航空航天

3D 打印技术具有生产周期短、生产成本低等优势，能使金属直接快速成型，故其在航空航天领域有广泛的应用，如图 5.3 所示。

图 5.3　3D 打印卫星成为可能

3D 打印工艺制造速度快，成型后的近形件仅需少量后续机加工，可以显著缩短零部件的生产周期，满足航空航天产品的快速响应要求。航空航天装备的零部件由于工作环境的特殊性通常对材料的性能和成分有着严格甚至苛刻的要求，需要大量试用各种高性能的难加工材料，而 3D 打印技术则可打印高熔点、高硬度的高温合金、钛合金等难加工材料。

(2) 汽车行业

汽车制造商可以说是 3D 打印技术的最早使用者之一（图 5.4），前期，3D 打印技术用于最终检查和设计验证等环节，后发展到用于测试车辆、发动机和平台的功能性部件等方面。目前，汽车行业应用3D打印技术每年能生产十万余件汽车的原型零部件。

(3) 医疗行业

目前医疗行业对3D打印技术的应用主要有以下几方面：一是无须留在体内的医疗器械，包括医疗模型、诊疗器械、康复辅具、假肢、助听器、手术导板等；二是个性化永久植入物，使用钛合金、钴铬钼合金、生物陶瓷和高分子聚合物等材料3D打印骨骼、软骨、关节、牙齿等产品，通过手术植入人体；三是3D生物打印，即使用含细胞和生长因子的“生物墨水”，结合其他材料层层打印出产品，经体外和体内培育，形成有生理功能的组织结构，如图5.5所示。

图5.4　3D打印汽车Strati

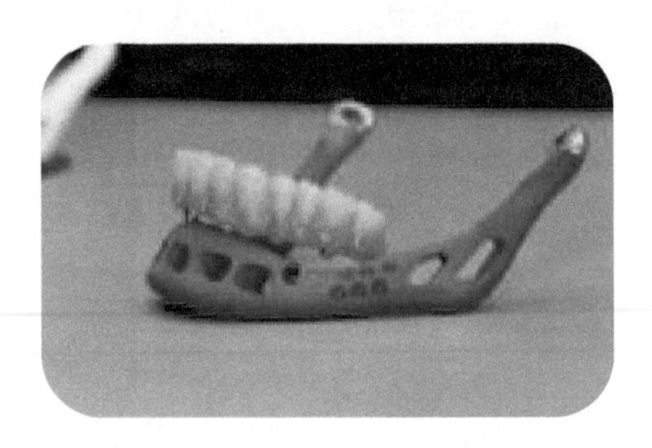

图5.5　3D打印下颌骨

科学家画廊

Chuck Hull：1983年发明了液态树脂固化或光固化(stereolithography, SLA)3D打印技术，随后于1984年申请美国专利。1986年获得有史以来第一件结合电脑绘图、固态激光与树脂固化技术的3D打印技术的专利证书；同一年，他在加州成立了业界知名的3D Systems公司，大力推动相关业务。

Chuck Hul被誉为“3D打印之父”，于2014年进入美国发明家名人堂(NIHOF)，同在名人堂的有亨利·福特和史蒂夫·乔布斯。

2　打印要革命

3D 打印的发展历程可以追溯到 19 世纪末，由于受到两次工业革命的刺激，18 至 19 世纪欧美国家的商品经济得到飞速发展。产品生产技术的革新是一个永恒的话题，为了满足科研探索和产品设计的需求，快速成型技术也就是 3D 打印开始萌芽。

从 2D 打印(传统打印)发展到 3D 打印，是一个革命性的进步，以快速成型著称的 3D 打印技术，能够帮助人类实现“所想便所得”的梦想。当前，市面上的 3D 打印机种类五花八门，但在本质上其工作原理是一样的。

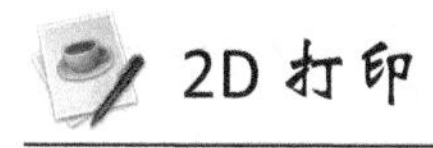

2D 打印

众所周知，普通打印机就是我们日常使用的纸张打印机，它打印的是平面图像；图 5.6 是将图像放大数倍之后看到的一个个纯颜色的“像素”点拼合成的数码图像。

图 5.6　“像素”示意图

类比“像素”，如果我们制作一个能够在一个平面上自由移动的“喷头”，它可以在平面直角坐标系(图 5.7)喷射出应有的“像素”，这样就完成了打印工作。

喷墨打印机的核心就是“喷头”，它能喷出一个一个的“像素”。打印纸被滚轮带动，这样就完成了 y 轴的移动，中间的“喷头”依托“同步带”(齿轮－齿带)传动装置进行左右移动，完成的是 x 轴的移动，如此一来，一个平面的图片就被打印出来了。喷墨打印机工作示意图如图 5.8 所示。

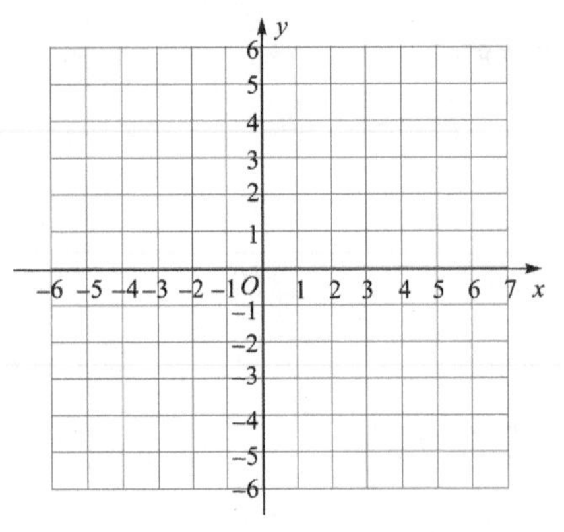

图 5.7　平面直角坐标系

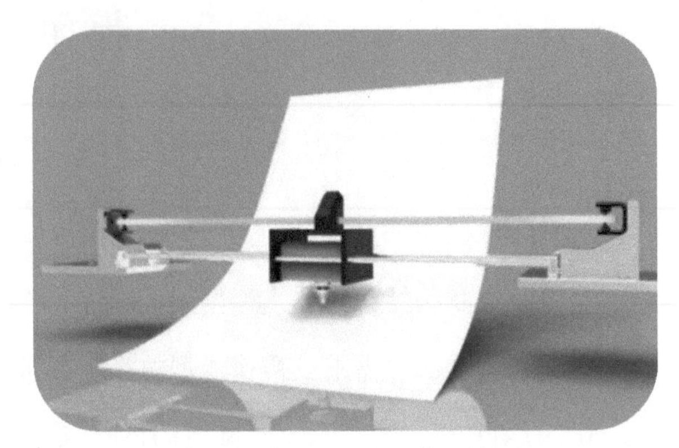

图 5.8　喷墨打印机工作示意图

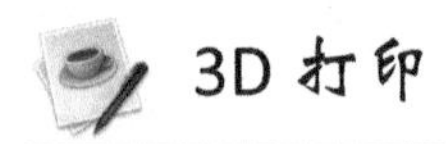

3D 打印

2D 打印的材料是墨水，那么我们若是要打印立体的东西，把墨水换成实实在在的材料即可。常见的 3D 打印机使用的打印材料是“热塑性塑料”，这种塑料一旦加热就变软，呈熔融状态，并且一旦冷却就会恢复原来的硬度。

2D 打印的载体是打印纸，3D 打印的载体是打印托盘。准确来说，打印托盘是用于 3D 打印机打印东西的平台(图 5.9)，它主要用来防止打印物品在冷却时变形或开裂，同时保证物品底部牢牢粘在打印托盘上。为了保证良好的导热性以及表面的平滑和水平，打印托盘的上面一层通常是玻璃或铝板，玻璃的光滑性更好，而铝板的导热性更好。

所谓 3D 打印，就是把“热塑性塑料”熔化，在喷头处喷出更细的“丝线”，然后一层一层地向上喷，一层一层地向上叠加。从本质上来说，3D 打印就是组合了一层一层的“平面”，使之变为立体。

3D 打印机的核心灵感就是来源于笛卡尔坐标系(图 5.10)。3D 打印机像其他计算机数字控制(CNC)设备一样能够沿着笛卡尔坐标系做线性运动，在指定的位置上让热熔塑料进入料头挤出加热的塑料丝，然后通过沉积塑料丝的方式绘制 3D 物品的某一层形成薄层。

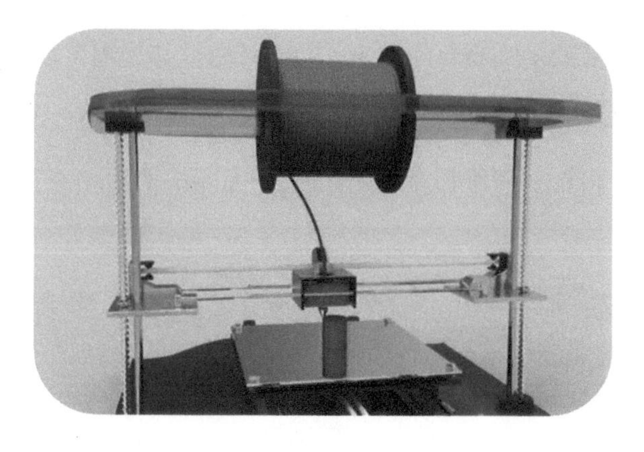

图 5.9　3D 打印机工作图

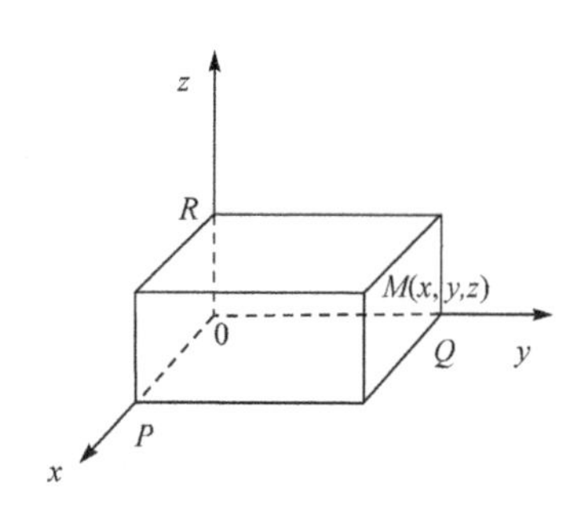

图 5.10　笛卡尔坐标系

那么，如何实现喷头 z 轴的移动呢？在 x 轴左右移动的喷头组合体上，加入了一个机械中的“法宝”——丝杠，也就是轴状大螺丝。它需要和螺母紧密配合，丝杠一旦被电机带动旋转，喷头就会自由地上下移动，也就是可以在 z 轴上自由移动，如图 5.11 所示。

图 5.11　3D 打印机 z 轴

控制 3D 打印在三个方向上运动的系统是直线运动导轨系统，它们决定了打印机的精度、速度以及设备长时间工作的维护成本。另外，3D 打印机中各个轴向上的行程长度是有限的，因此需要一个机械或光电的挡块。从本质上说，这就相当于一个开关，当检测到连杆上的滑块到达极限时会产生一个信号反馈给打印机的控制板，以防止滑块运动超过了行程长度。

 3D 打印的技术种类

不同公司制造的 3D 打印设备的成型材料不同，系统的工作原理也有所不同，但其基本原理都是相同的，即“分层制造、逐层叠加”。到目前为止，已经有十几种不同的成型工艺，

其中比较成熟的有分层实体成型工艺(laminated object manufacturing，LOM)、立体光固化成型工艺(stereolithography apparatus, SLA)、选择性激光烧结工艺(selective laser sintering, SLS)、熔融沉积成型工艺(fused deposition modeling, FDM)、三维印刷工艺(three-dimension printing, 3DP)、聚合物喷射技术(polyjet)等。

(1) LOM：分层实体成型工艺

LOM 工艺自 1991 年问世以来就得到迅速的发展，也是最为成熟的 3D 打印技术之一。LOM 工艺的基本原理如图 5.12 所示。

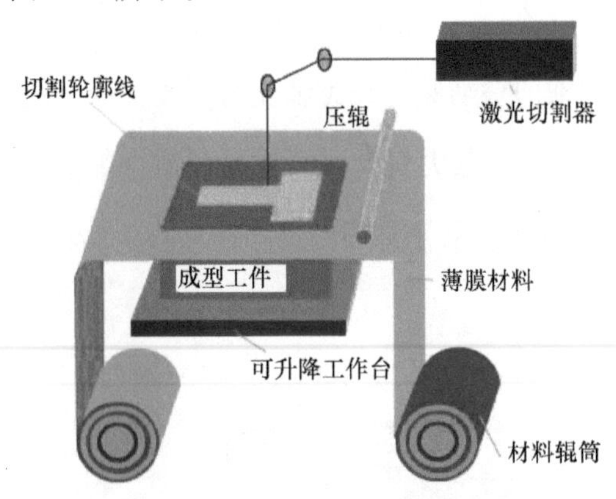

图 5.12　LOM 工艺的基本原理

分层实体成型工艺系统主要由计算机、数控系统、原材料存储与运送部件、激光切割器、可升降工作台、热粘压部件等部分组成。其中，计算机负责接收和存储成型工件的三维模型数据，这些数据主要是沿模型高度方向提取的一系列截面轮廓。原材料存储与运送部件把存储在其中的原材料逐步送至工作台上方。激光切割器沿着工件截面轮廓线对薄膜进行切割。可升降工作台能支撑成型的工件，并在每层成型之后降低一个材料厚度以便送进将要进行黏合或切割的新一层材料。最后热粘压部件将会一层一层地把成型区域的薄膜黏合在一起，就这样重复上述的步骤直到工件完全成型。

LOM 工艺采用的原料价格便宜，因此制作成本极为低廉，适用于大尺寸工件的成型，成型过程无须设置支撑结构，多余的材料也容易剔除，精度也比较理想。

(2) SLA：立体光固化成型工艺

SLA 工艺最早由 Chuck Hull 提出并于 1984 年获得美国国家专利，是最早发展起来的 3D

打印技术之一，也是目前世界上研究最为深入、技术最为成熟、应用最为广泛的一种 3D 打印技术。

SLA 工艺以光敏树脂作为材料，在计算机的控制下紫外激光器对液态的光敏树脂进行扫描，从而让其逐层凝固成型，SLA 工艺能以简洁且全自动的方式制造出精度极高的几何立体模型。SLA 技术的基本原理如图 5.13 所示。

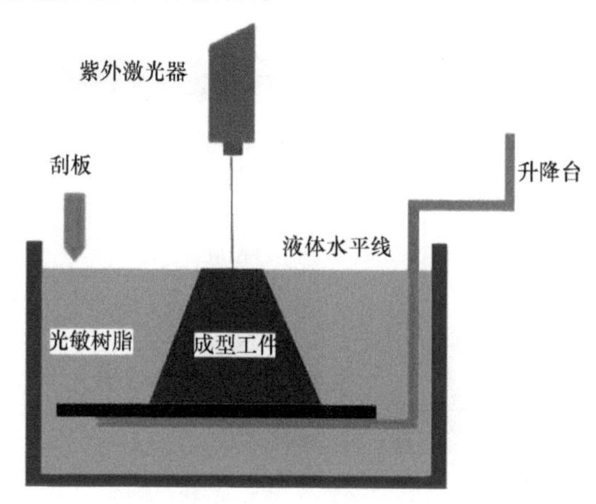

图 5.13　SLA 工艺的基本原理

液槽中会先盛满液态的光敏树脂，氦-镉激光器或氩离子激光器发射出的紫外激光束在计算机的操纵下按工件的分层截面数据在液态的光敏树脂表面进行逐行逐点扫描，这使扫描区域的树脂薄层产生聚合反应从而固化形成工件的一个薄层。

当一层树脂固化完毕后，工作台将下移一个层厚的距离以使在原先固化好的树脂表面上再覆盖一层新的液态树脂，刮板将黏度较大的树脂液面刮平然后再进行下一层的激光扫描固化。新固化的一层将牢固地黏合在前一层上，如此重复直至整个工件层叠完毕，这样最后就能得到一个完整的立体模型。当工件完全成型后，首先需要把工件取出并把多余的树脂清理干净，接着还需要把支撑结构清除掉，最后还需要把工件放到紫外灯下进行二次固化。

SLA 工艺成型效率高，系统运行相对稳定，成型工件表面光滑，精度也有保证，适合制作结构异常复杂的模型，能够直接制作面向熔模精密铸造的中间模。

(3) SLS：选择性激光烧结工艺

SLS 工艺最早是由美国得克萨斯大学奥斯汀分校的 C.R.Dechard 于 1989 年提出的，SLS 工艺使用的是粉末状材料，激光器在计算机的操控下对粉末进行扫描照射而实现材料的烧结黏合，就这样材料层层堆积实现成型，SLS 工艺的成型原理如图 5.14 所示。

选择性激光烧结工艺的过程是先采用压辊将一层粉末平铺到已成型工件的上表面，数控系统操控激光束按照该层截面轮廓在粉层上进行扫描照射而使粉末的温度升至熔化点，从而进行烧结并于下面已成型的部分实现黏合。当一层截面烧结完后工作台将下降一个层厚，这时压辊又会均匀地在上面铺上一层粉末并开始新一层截面的烧结，如此反复操作直至工件完全成型。

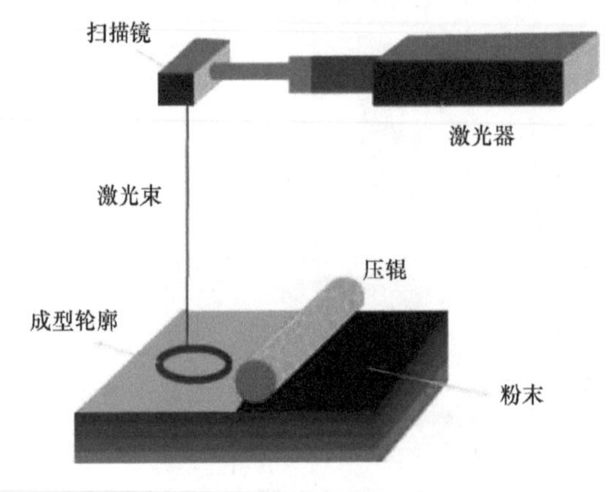

图 5.14　SLS 工艺的成型原理

(4) FDM：熔融沉积成型工艺

FDM 工艺是继 LOM 工艺和 SLA 工艺之后发展起来的一种 3D 打印技术。该技术由 Scott Crump 于 1988 年发明，随后 Scott Crump 创立了 Stratasys 公司。1992 年，Stratasys 公司推出了世界上第一台基于 FDM 工艺的 3D 打印机——3D 造型者(3D Modeler)，这也标志着 FDM 工艺步入商用阶段。

熔融沉积有时候又被称为熔丝沉积，它将丝状的热熔性材料进行加热熔化，通过带有微细喷嘴的挤出机把材料挤出来。喷头可以沿 x 轴的方向进行移动，工作台则沿 y 轴和 z 轴方向移动(当然不同的设备其机械结构的设计可能不一样)，熔融的丝材被挤出后随即会和前一层材料黏合在一起。一层材料沉积后工作台将按预定的数值下降一个厚度，然后重复以上的步骤直到工件完全成型，FDM 工艺的技术原理如图 5.15 所示。

(5) 3DP：三维印刷工艺

3DP 工艺由美国麻省理工学院的 Emanual Sachs 教授等人研制，3DP 的工作原理类似于喷墨打印机，是形式上最为贴合“3D 打印”概念的成型技术之一。3DP 工艺采用的都是粉末状的材料，如陶瓷、金属、塑料等的粉末。3DP 工艺的技术原理如图 5.16 所示。

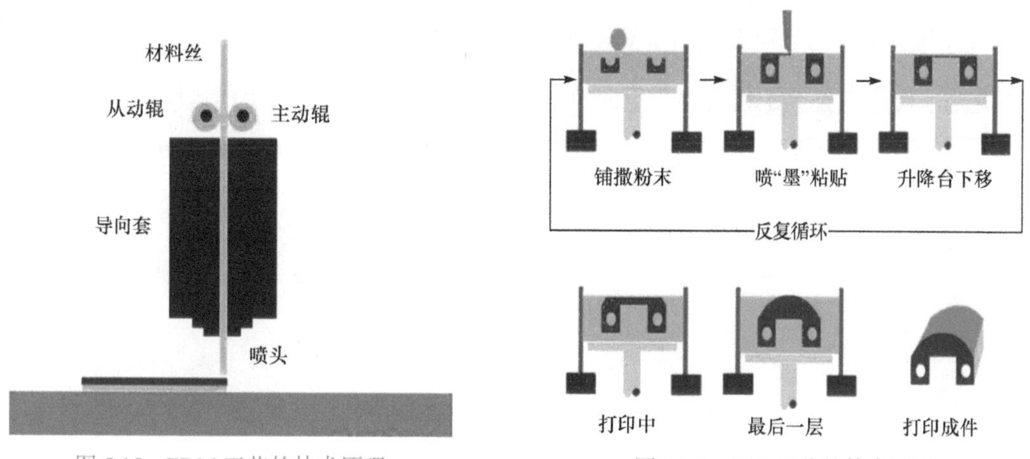

图 5.15　FDM 工艺的技术原理

图 5.16　3DP 工艺的技术原理

首先，设备会把工作槽中的粉末铺平，接着喷头会按照指定的路径将液态胶黏剂(如硅胶)喷射在粉层上的指定区域中，此后不断重复上述步骤直到工件完全成型后除去模型上多余的粉末材料即可。

3DP 工艺的成型速度非常快，适用于制造结构复杂的工件，也适用于制作复合材料或非均匀材质材料的零件。

(6) PolyJet：聚合物喷射技术

PolyJet：聚合物喷射技术是以色列 Objet 公司于 2000 年初推出的专利技术，Poly Jet 技术也是当前最为先进的 3D 打印技术之一，PolyJet 聚合物喷射技术的结构如图 5.17 所示。

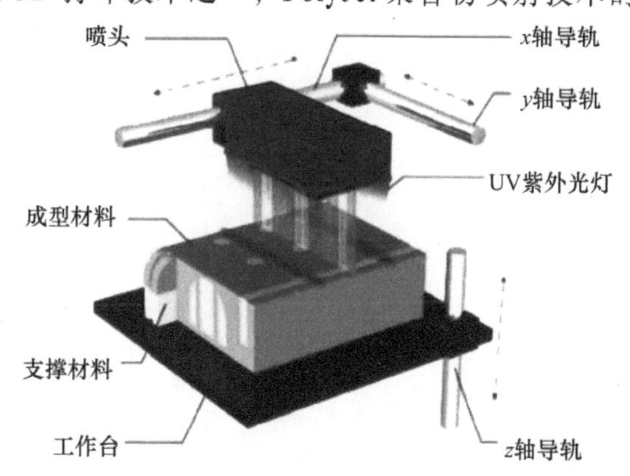

图 5.17　PolyJet 聚合物喷射技术的结构

PolyJet 的喷射打印头沿 x 轴方向来回运动，工作原理与喷墨打印机十分类似，不同的是喷头喷射的不是墨水而是光敏聚合物。当光敏聚合材料被喷射到工作台上后，UV 紫外光灯将沿着喷头工作的方向发射出 UV 紫外光对光敏聚合材料进行固化。完成一层的喷射打印和固化后，设备内置的工作台会极其精准地下降一个成型层厚，喷头继续喷射光敏聚合材料进行下一层的打印和固化。就这样一层接一层，直到整个工件打印制作完成。

3　3D 打印过程

时下许多影片中都出现了 3D 打印，例如，《重返地球》中，展示了一种便携的随身医疗设备，它能快速重建受损的肢体；《第五元素》中，展示了通过图纸设计在短时间内打印塑造出一个完整的人类体型，并且能够强化特定位置的技术；《云图》中，操作员通过输入相关的指令，在短时间内实现了对食物的打印；《十二生肖》中，成龙的团队成功打印出了兽首等。那么，3D 打印过程是怎样的呢？

在影片《十二生肖》中，我们不难看出兽首的打印过程：成龙是通过佩戴专业扫描手套环绕兽首对剧中十二生肖铜像进行扫描(图 5.18)，并快速生成兽首模型数据发送到 3D 打印机中，短时间内，一个外形完全相同的复制品就制作出来了(图 5.19)。下面我们了解一下 3D 打印的具体过程。

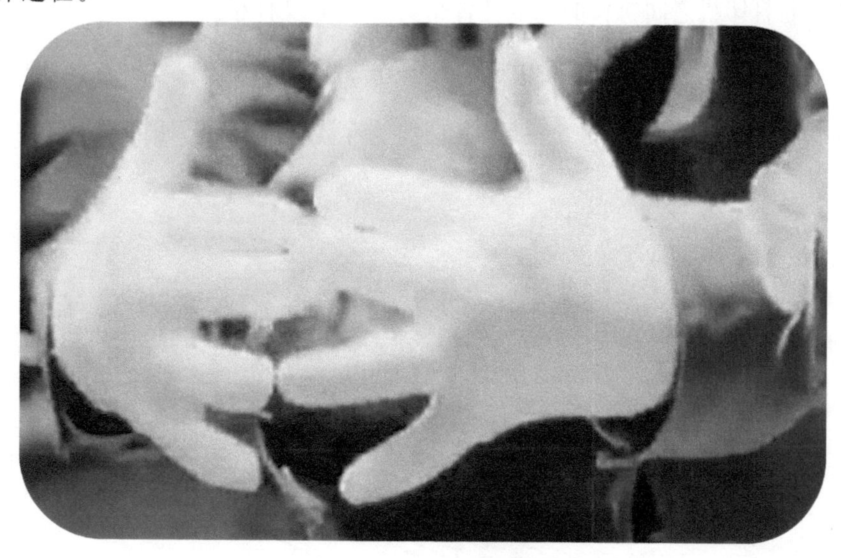

图 5.18　通过专业扫描手套对原物进行扫描构图

图 5.19　3D 打印机正在打印兽首

三维设计

在 3D 打印中，通常先通过计算机建模软件建模，再将建成的三维模型“分区”成逐层的截面(图 5.20)，即切片，从而指导打印机逐层打印。

设计软件和打印机之间协作的标准文件格式是 STL 文件格式。一个 STL 文件使用三角面来模拟物体的表面。三角面越小其生成的表面分辨率越高。PLY 是一种通过扫描产生三维文件的扫描器，其生成的 VRML 或者 WRL 文件经常被用作全彩打印的输入文件。

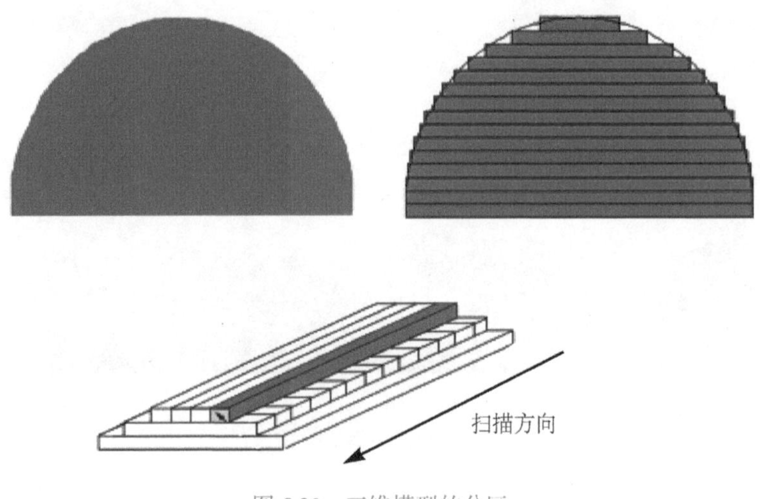

图 5.20　三维模型的分区

工 具 箱

STL 文件： STL 是 stereolithography（光固化）的缩写。光固化是另一种形式的 3D 打印。光固化打印使用这种特殊的 STL 文件格式储存用于 3D 打印的数据。STL 文件现在已经相当普遍地用于所有形式的 3D 打印。

切片处理

打印机通过读取文件中的横截面信息，用液体状、粉状或片状的材料将这些截面逐层地打印出来，再将各层截面以各种方式黏合起来从而制造出一个实体。这种技术的特点在于其几乎可以造出任何形状的物品。

打印机打出的截面的厚度(即 z 方向)以及平面方向（即 x-y 方向）的分辨率是以 dpi(像素每英寸)或者微米来计算的。一般的厚度为 100 微米，即 0.1 毫米，也有部分打印机如 Objet Connex 系列还有三维 Systems Projet 系列可以打印出 16 微米薄的一层，而平面方向则可以打印出跟激光打印机相近的分辨率。打印出来的“墨水滴”的直径通常为 50 到 100 个微米。用传统方法制造出一个模型通常需要数小时或数天，根据模型的尺寸以及复杂程度而定。而用 3D 打印的技术则可以将时间大大缩短，当然也是由打印机的性能以及模型的尺寸和复杂程度而定的。

传统的制造技术如注塑法能以较低的成本大量制造聚合物产品，而 3D 打印技术则能以更快更有弹性以及更低成本的办法生产数量相对较少的产品。一个桌面尺寸的 3D 打印机就可以满足设计者或概念开发小组制造模型的需要。

完成打印

3D 打印机的分辨率对大多数应用来说已经足够(在弯曲的表面可能会比较粗糙，像图像上的锯齿一样)，要获得更高分辨率的物品可以通过如下方法：先用当前的 3D 打印机打出稍大一点的物体，再经过表面稍微打磨即可得到表面光滑的高分辨率物品。

有些技术可以同时使用多种材料进行打印。有些技术在打印的过程中还会用到支撑物，比如在打印出一些有倒挂状的物体时就需要用到一些易于除去的东西(如可溶的东西)作为支撑物，如图 5.21 所示。

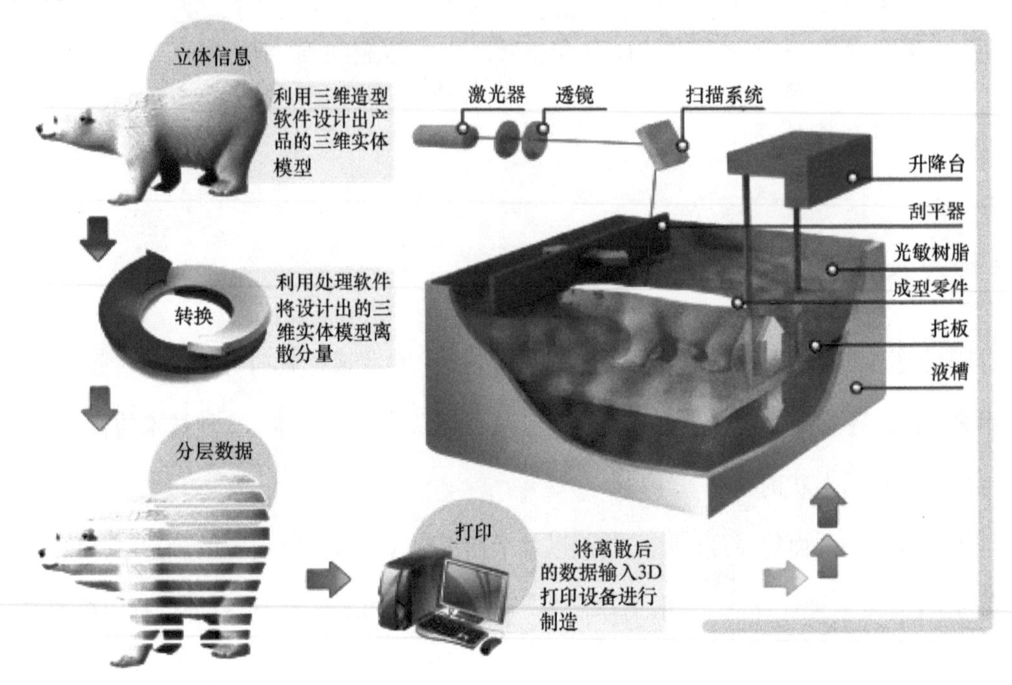

图 5.21　3D 打印过程

4　畅想 3D 打印

新事物诞生之后，往往会伴随着市场行为的变动，以及相关技术的变迁，我们现在从 3D 技术本身的市场和由它衍生出来的新科技入手，从而分析它未来的走向。

3D 打印本身的未来

随着 3D 打印材料的多样化发展以及打印技术的革新，3D 打印不仅在传统的制造行业体现出非凡的发展潜力，同时其魅力更延伸至食品制造、服装、奢侈品、影视传媒以及教育等多个与人们生活息息相关的领域。

速度提升，2011 年，个人使用 3D 打印机的速度已突破了送丝速度每秒 300mm 的极限，达到每秒 350mm。

色彩逼真，现在已经能够以 25 微米的分辨率进行打印，创造出非常光洁的表面，如图 5.22 所示。

图 5.22　色彩艳丽的 3D 打印

平台革新，3D 打印的设计平台正从专业设计软件向简单设计应用发展，软件行业相继推出了基于各种开放平台的 3D 打印应用，降低了 3D 设计的门槛。

科幻成现实，《十二生肖》影片中出现的专业设备就是流行的3D打印技术，目前，已经有国产品牌推出万元内3D打印机产品，正可谓梦想照进了现实。

4D打印

4D打印是由3D打印衍生出来的一种新技术，比3D打印多的一个“D”是时间维度，人们可以通过软件设定模型和时间，变形材料会在设定的时间内变形为所需的形状，如图5.23所示。准确地说，4D打印是一种能够自动形变的材料，直接将设计内置到物料当中，不需要连接任何复杂的机电设备，就能够按照产品设计自动折叠成相应的形状。

4D打印更为智能，物料可自行“创造”，简化了打印过程，但对打印材料有了更高要求。与3D打印的预先建模、扫描，然后使用物料成形不同，4D打印是直接将设计内置到物料当中，简化了从“设计理念”到“实物”的造物过程。让物体如机器般“自动”创造，不需要连接任何复杂的机电设备，这与包括3D打印在内的其他制造方式都有着本质上的不同。

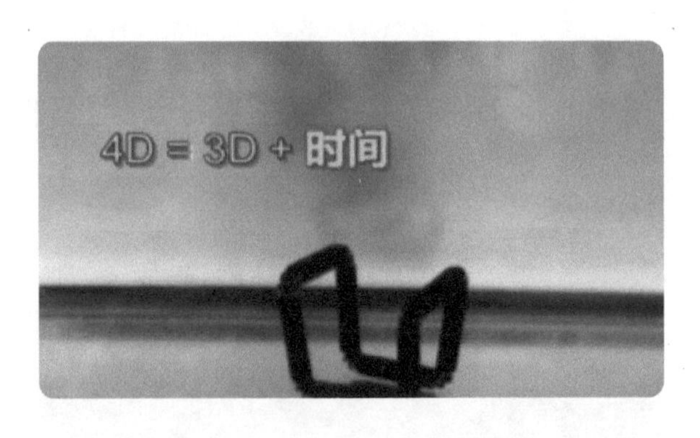

图5.23　4D打印新闻截图

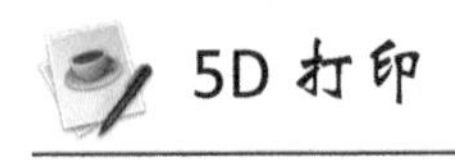

5D打印

5D打印是由中国工程院院士、西安交通大学卢秉恒教授在上海举办的世界3D打印技术与未来高峰论坛上提出来的。5D打印是在4D打印的时间维度之后又增加了一个维度，打印的产品能自己生长，即用3D技术构造出可以生长的组织细胞，再通过组织液的培育，产生生长因子，让其自行增殖，可用于活性器官的再造。

科学家画廊

卢秉恒(1945—)，中国机械制造与自动化领域著名科学家，现为中国工程院院士，西安交通大学教授、博士生导师，快速制造国家工程研究中心主任。

卢秉恒院士主要从事快速成型制造、微纳制造、生物制造、高速切削机床等方面的研究，先后主持20余项国家重点科技攻关项目。

卢秉恒

参考文献

李小丽，马剑雄，李萍，等. 3D打印技术及应用趋势[J]. 自动化仪表, 2014, 35(1): 1-5.

钱波，王明义，刘志远，等. 3D打印光敏树脂的性能研究[J]. 高校化学工程学报，2017, 31(01): 191-196.

张学军，唐思熠，肇恒跃，等. 3D打印技术研究现状和关键技术[J]. 材料工程，2016, 44(2): 122-128.

钟世镇. 医用3D打印技术的探索[J]. 中华创伤骨科杂志, 2017, 19(2):138-139.

Liu Ligang, Xu Wenpeng, Wang Weiming, et al. Survey ongeometric computing in 3D printing[J]. Chinese Journal of Computers, 2015, 38(6): 1243-1267.

Xu Wenpeng, Wang Weiming, Li Hang, et al. Topology optimization for minimal volume in 3D printing[J]. Journal of Computer Research and Development, 2015, 52(1): 38-44.

第六章
薄而坚的精灵——石墨烯

- 神奇的石墨烯大家族
- 看看石墨烯是什么
- 怎样制备石墨烯？
- 石墨烯带来什么惊喜？

我的一生的乐趣在于不断地去探索未知的那个世界，如果我能够对其有一点点的了解，能有一点点的成就，那我就非常知足。

——焦耳

1 神奇的石墨烯大家族

碳材料是世界上最普遍也是最神奇的一种材料。在碳的大家族里，有璀璨夺目的钻石，也有柔软滑腻的石墨，从1985年的富勒烯到1991年的碳纳米管，人们对碳材料的研究不断深入，在黑暗中起舞的石墨烯(graphene)，作为目前世界上“真正的二维材料”，自2004年被英国科学家发现之后，已成为科学界和工业界关注的焦点。

石墨烯的发现

石墨烯的发现经历了漫长的历史，早在1934年，朗道(L.D. Landau)和佩尔斯(R.E.Peierls)就指出准二维晶体材料由于其自身的热力学不稳定性，在常温常压下会迅速分解。1966年，Mermin-Wagner理论指出表面起伏会破坏二维晶体的长程有序，因此二维晶体石墨烯只是作为研究碳质材料的理论模型。可见，石墨烯的发现也经过了一段漫长沉寂的岁月。石墨烯是一层碳原子形成的薄片，原子之间形成一个六角形的环，环环相连形成蜂窝状的平面。它一层层叠起来就是石墨，厚1毫米的石墨大约包含300万层石墨烯。铅笔在纸上轻轻划过，留下的痕迹就可能是几层到几十层石墨烯。此前，碳的这种二维结构形式一直存在于人们的猜想中，只是难以剥离出单层结构。关键的难题，就是怎样让石墨分层到极薄的薄片。许多人在学生时代都有这样的经历，当在纸上写错字的时候，就会用透明胶带，把错字粘掉。但谁也没有想到，就是这样一个简单的方法，让人们发现了神秘的石墨烯。

2004年，安德烈 · 海姆(Andre Geim)和康斯坦丁 · 诺沃肖洛夫(Konstantin Novoselov)在实验室用机械剥离法制备出石墨烯(图6.1)。其实早在这两位科学家制备出石墨烯之前，也有科学家尝试过，美国得克萨斯大学奥斯汀分校的罗德尼 · 鲁夫(Rodney Rouff)曾尝试着将石墨在硅片上摩擦，并深信采用这个简单的办法可得到石墨烯，但他没有对产物做进一步的检测。美国哥伦比亚大学的菲利普-金(Philip Kim)利用石墨制作了一个“纳米铅笔”，在一个表面上画写，并得到了石墨薄片，层数最低可达30层。可以说，他们离石墨烯的发现只有一步之遥，诺贝尔奖的史册极大可能会因他们的进一步工作而改写，但命运之神最终没有眷顾他们。

在 2010 年，海姆和诺沃肖洛夫——这两位石墨烯的发现者，获得了诺贝尔物理学奖，他们用我们日常用的胶带，黏住一些大的石墨薄片后，在衬底表面反复地揭开，最后总能找到一些单层的石墨烯(图 6.2)。海姆在实验室用的大石墨薄片跟衬底有很多点接触，相当于同时用千百个纳米铅笔来“写”。虽然每一个纳米铅笔并不是可控的，但这么多的纳米铅笔同时工作，从概率统计的角度总是会有单层的石墨烯被“写”衬底上。他们的这个方法虽然很简单，却非常有效。石墨烯就这样被发现制作出来了。

图 6.1　海姆(左)和诺沃肖洛夫（右）

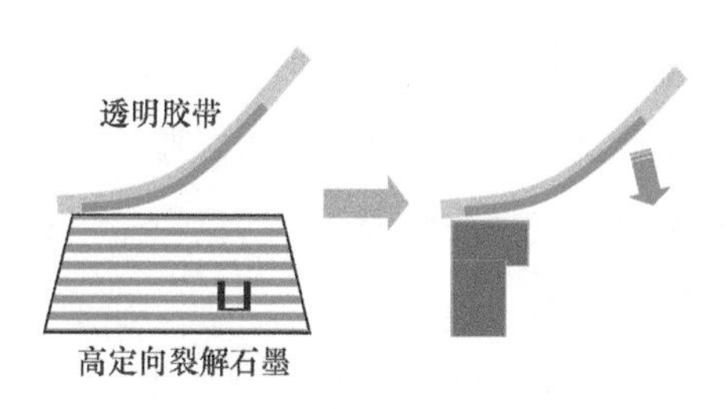

图 6.2　机械剥离法

石墨烯自从被发现以来，受到了人们强烈的关注，而且任何一家和石墨烯有关的上市公司都会引来人们的追捧。尽管股市近期表现平淡无奇，但是涉及石墨烯的概念股却能多次涨停。在《“十三五”国家科技创新规划》中两次提到了石墨烯。“以石墨烯、高端碳纤维为代表的先进碳材料、超导材料、智能/仿生/超材料、极端环境材料等前沿新材料为突破口，抢占材料前沿制高点。”“开发氢能、燃料电池等新一代能源技术，发挥纳米技术、智能技术、石墨烯等对新材料产业发展的引领作用。”

趣闻插播

20 世纪 90 年代的某一个星期五的晚上，安德烈·海姆把水倒进了实验室一台能产生巨大磁场的仪器中。然而，水并没有从强磁场中流出来，而是形成了一个水球，并悬浮在空中！为了找到一个更好的演示方式，他干脆将一只青蛙放进了强磁场，它也悬浮了起来。悬浮的青蛙引起很多关注，因此，安德烈·海姆获得了 2000 年搞笑诺贝尔奖。

青蛙在强磁场中

碳元素的大家族

碳元素是形成物种最多的元素之一，更是生命的根本。要想了解碳家族中的石墨烯，首先要先了解它的“亲戚”，由碳组成的不同单质。

首先我们先来认识一下石墨，它是人们对碳元素存在形式的最早认知。石墨是由碳原子形成六边形蜂窝状片层结构堆积而成的层状结构(图 6.3)。在石墨中，碳原子与相邻的碳原子形成三个化学键，这些化学键在同一平面组成正六边形网状结构，在垂直于六角平面的方向上排列，互相交叠形成化学键，层间碳原子通过范德瓦耳斯力相互作用。石墨小块很像一副扑克牌，从边上去推的时候，层跟层之间很容易相互滑开，这样一些薄片就会掉落出来。从物理上这很容易理解，层间碳原子是通过范德瓦耳斯力相互作用，相对于层内原子间的共价键作用力来说非常的小，所以原子层相互之间很容易滑动，导致石墨层面间很容易产生相对滑动而解离。而在石墨中，每个碳原子都有未成对电子，使其呈现出半金属的特征。

在碳的大家族中，还有闪闪发光的金刚石，也就是人们常说的钻石。金刚石的每个碳原子周围有四个碳原子相连，这四个近邻原子分别位于正四面体的四个顶点上，在三维空间中形成了一个骨架结构，并与相邻的碳原子形成四个极强的化学键(图 6.4)。不同的构型导致金刚石和石墨具有许多截然不同的性质，例如，金刚石是人类迄今为止发现的最硬的天然材料，其抗压强度高、耐磨性能好，且其晶体不易滑动和解离；此外，由于碳原子的全部价电子都参与了成键，所以金刚石是绝缘体。

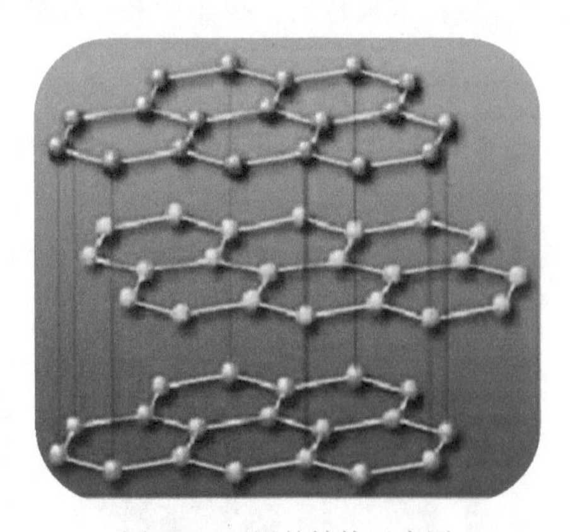

图 6.3　石墨的结构示意图

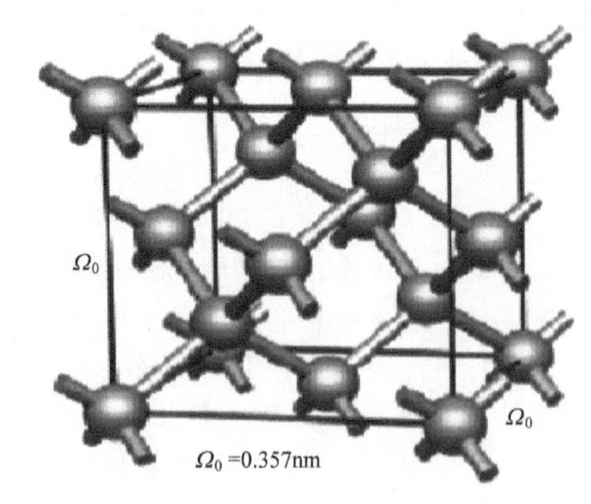

图 6.4　金刚石的结构示意图

二十世纪八十年代哈罗德 · 克罗托(Harry Kroto)及其合作者宣称发现了一种新的碳的同素异形体结构 C_{60}，将人类带到了一个全新的碳化学世界。C_{60} 称巴基球，是由 60 个碳原子组成的足球状中空球形分子，所以 C_{60} 也被称为足球烯。C_{60} 具有 32 面体的构型，其中 20 个为六边形，

12个为五边形，具有很高的稳定性且对称性极高。随着C_{60}的发现，人们开始研究其同族分子存在的可能性。欧拉定理证明，C_{70}、C_{76}和C_{84}等分子，也可以通过12个五边形和若干个六边形的连接，形成封闭的多面体结构的球形碳分子。随着这些碳分子先后被发现，人们将这一类新的碳的同素异形结构统称为富勒烯(fullerene)，如图6.5所示。

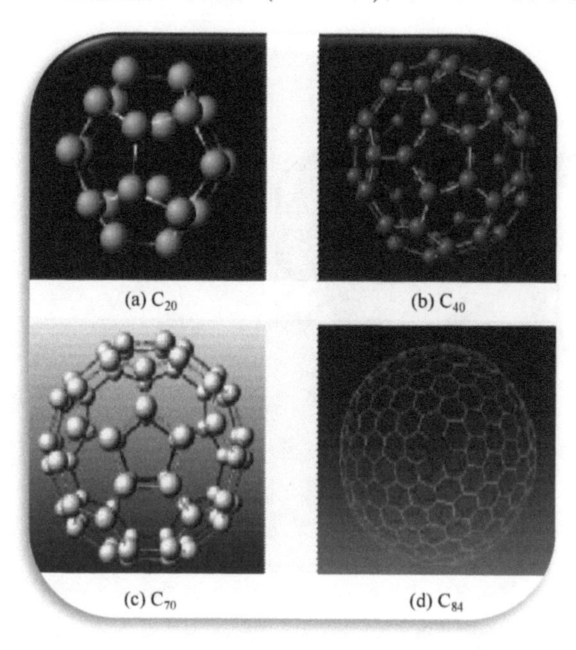

图6.5 几种富勒烯的结构

碳纳米材料

碳纳米材料指的是微观结构至少在一维方向上受纳米尺度(1～100nm)调制的碳材料，或以其为基本单元构成的材料。可以分为零维的C_{60}，一维的碳纳米管，二维的石墨烯。

不知从什么时候开始，人类真的开始着手将太空电梯这种原本只出现在科幻电影里的科技变成现实，包括我们熟悉的谷歌，它的X实验室都曾将太空电梯列为研发计划。人们之所以敢这么天马行空，倚仗的就是正在发展中的碳纳米管技术。碳纳米管有望实现太空天梯的梦想(图6.6)，它被一些人称为“奇迹材料”，由碳原子组成六边形从而生成管状结构，并拥有令科学家兴奋的导电性、磁性和力学属性，其抗拉强度是钢的100倍，重量仅为后者的1/6。正因为如此，人们认为碳纳米管技术如果能继续发展，就足以能够伸展到太空中，成为太空电梯必不可少的材料。

墨。1mm 厚的石墨大约包含 300 万层石墨烯。富勒烯和碳纳米管都可以看作是由单层的石墨烯通过某种方式卷成的，而石墨是由多层石墨烯通过范德瓦耳斯力的联系堆叠成的，如图 6.7 所示。

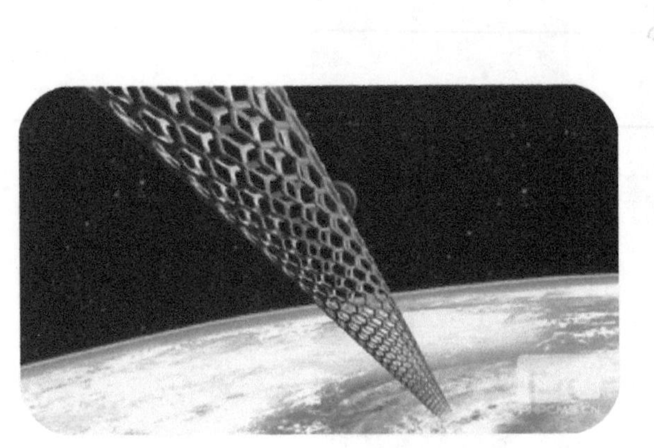

图 6.6　太空天梯构想图

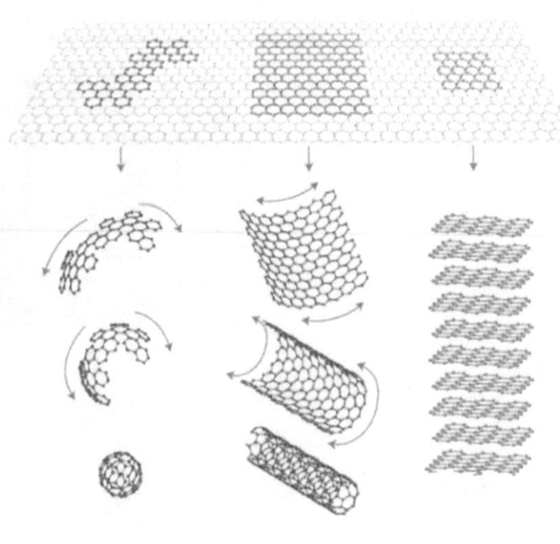

图 6.7　富勒烯、碳纳米管和石墨烯

趣闻插播

纳米奥巴马头像

纳米奥巴马：美国密歇根大学机械工程系教授约翰·哈特，用碳纳米管为奥巴马制作了一组微型三维头像，这种逼真的立体头像竟比盐粒还要小。约翰·哈特将这些微型头像称为“纳米奥巴马”。每个“纳米奥巴马”头像包含着 1.5 亿个碳纳米管，这个数字和 2008 年 11 月 4 日美国选民的总数恰巧相当。

2　看看石墨烯是什么

世界上第一次得到单层石墨烯，是靠透明胶“粘”出来的，用的是如此“简单粗暴”的办法。从石墨烯的发现到被称为“新材料之王”，薄薄的一层石墨烯，有着众多优异的性能，它的结构决定了它的性质，如此薄而坚的石墨烯，又是怎样构成的呢？

石墨烯的结构

石墨烯是指仅有一个原子厚度的单层石墨层片，碳原子紧密排列而成的蜂窝状晶格结构(图 6.8)。石墨烯中碳-碳键长 0.142nm。每个晶格内有三个化学键，连接十分牢固，形成了稳定的六边形状。形象地说，石墨烯是由单层碳原子紧密堆积成的二维蜂窝状晶格结构，因为石墨烯是由单层的碳原子构成的，厚度为 0.35nm，约为头发直径的二十万分之一。石墨烯的结构非常稳定，碳原子间的连接极其柔韧。受到外力时，虽然碳原子表面发生弯曲变形，但碳原子不必重新排列来适应外力，从而保证了自身的结构稳定性。正是由于石墨烯的结构特点，决定了石墨烯拥有着奇特性质。

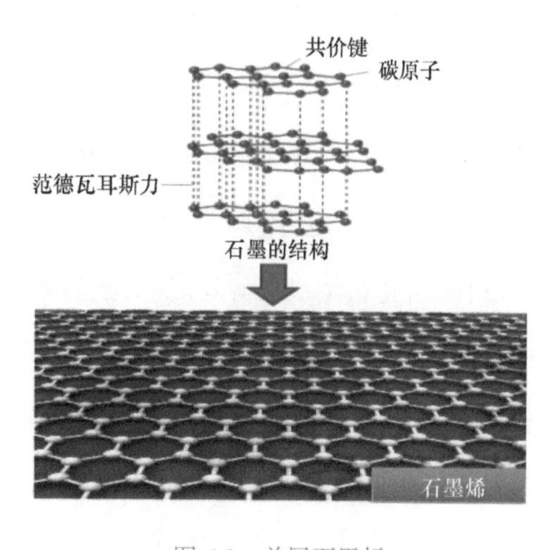

图 6.8　单层石墨烯

石墨烯的特点

石墨烯不仅薄，而且还硬。石墨烯是已知材料中强度和硬度最高的晶体结构。如果物理学家们能制取出厚度相当于普通食品塑料包装袋(厚度约 100nm)的石墨烯，那么需要施加差不多20000牛的压力才能将其扯断。换句话说，如果用石墨烯制成包装袋，那么它将能承受大约两吨重的物品(图 6.9)。现在科学家已经证实了人们怀疑已久的问题，石墨烯是目前已知世界上强度最高的材料，超出钢铁的强度数十倍。

图 6.9　石墨烯包装袋

美国哥伦比亚大学的专家们为了测试石墨烯的强度，先在一块硅晶体板上钻出一些直径1微米的小孔，每个小孔上放置一个完好的石墨烯样本，然后用一个带有金刚石探头的工具对样本施加压力。结果显示，在石墨烯样品微粒开始断裂前，每100纳米距离上可承受的最大压力为2.9微牛左右。按这个结果测算，要使1米长的石墨烯断裂，需要施加55牛的压力。

为了让人们对石墨烯的强度有个更清楚的概念，该实验的负责人、哥伦比亚大学机械工程学教授詹姆斯·霍恩作了一个形象的比喻。他与同事进行的实验就好比在一个茶杯上覆一层塑料薄膜，然后用铅笔扎薄膜来测量塑料薄膜的强度。如果用石墨烯薄片来代替塑料薄膜盖在茶杯上，将铅笔放在薄片之上，然后再将一辆汽车放在铅笔上并保持平衡，那么结果是，石墨烯薄片纹丝不动。当然这很难做到，不仅是因为很难将汽车放在铅笔之上，更是因为很难找到一个完好的石墨烯样板能够达到铅笔和茶杯这样肉眼可观察到的体积。但这样的比喻是很恰当的，因为这就是我们可以用肉眼感受到的石墨烯的强度。

石墨烯具有优异的光学性质。理论和实验结果表明，单层石墨烯能吸收2.3%的可见光，即透光率为97.7%。如图6.10所示，从单层石墨烯到双层石墨烯，可见光透射率相差2.3%，因此可根据石墨烯薄膜的可见光透射率来估算其层数，即石墨烯的透光性与厚度有关，与波长无关。

单层石墨烯室温热导率很大，相比之下，是工业界中被广泛使用的散热材料——金属铜在室温下的10倍多。石墨烯导热率高于碳纳米管和金刚石，对于一些电子设备，频率越高，热量也越高，如果导热性达不到要求，频率提升就会受到限制，填充的信号也就有限。导热率高决定了石墨烯适用于高频电路。

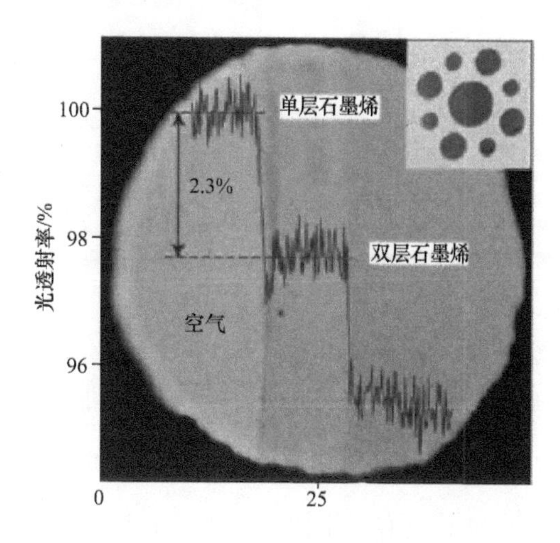

图 6.10　石墨烯光学性质

石墨烯具有超高的电迁移率，它的导电性远高于目前任何高温超导材料，电子在其轨道中移动时，不会因晶格缺陷或引入外来原子而发生散射，电子能够极为高效地迁移，迁移率约为硅中电子迁移率的 140 倍。石墨烯是室温下导电性最佳的材料，传统的半导体和导体，例如硅和铜，远没有石墨烯表现得好。此外，石墨烯的电子迁移率几乎不随温度变化而变化，显示出其出色的温度稳定性，而传统的导体和半导体，由于电子和原子的碰撞以热的形式释放了一些能量，温度稳定性较差。所以，一般的电脑芯片会因为使用导体和半导体而浪费 70%～80%的电能，而石墨烯中的电子则能有效地减少能量的损耗。

3 怎样制备石墨烯？

制备石墨烯，简单说就是要把石墨变薄，不能靠切，不能靠磨，而要靠粘。2004 年，英国科学家用透明胶将一块石墨片反复粘贴与撕开，石墨片的厚度逐渐减小，最终形成了厚度只有 0.335nm 的石墨烯，也就是只有一个原子厚度的石墨烯。这是世界上第一次得到单层的石墨烯，随着对石墨烯的研究也发现了越来越多的制备方法。

目前在工业上和实验室中制备石墨烯的方法很多，其中比较常用的方法是机械剥离法、外延生长法、化学气相沉积法。

机械剥离法是最早发现石墨烯的方法，海姆等人就是通过此方法成功地制备出了单层石墨烯。这种方法就是将三维的石墨样品固定在平台上，用透明胶带对其重复实施一次次剥离，直至剩下较薄的片层为止，装置如图 6.11 所示，然后将其和表面为 SiO_2 薄膜的硅基片置于丙酮溶液中，浸渍片刻并超声洗涤。一些石墨烯薄片在较强的范德瓦耳斯力与毛细作用下，吸附在硅片上而被提出。研究人员可借助光学和原子力显微镜检测技术，清晰地观察到多层和单层石墨烯的存在。运用该方法得到的石墨烯，在室温下呈晶体状且非常稳定，目前能获得的石墨烯的尺寸可达 100μm。机械剥离法的优点是工艺简单，操作相对容易，且制备出来的石墨烯能够保持较完美的晶体结构，包含的缺陷也较少；但其缺点是耗时长、石墨烯的生产效率低，这严重限制了石墨烯的大规模应用，只适用于实验室进行基础研究。

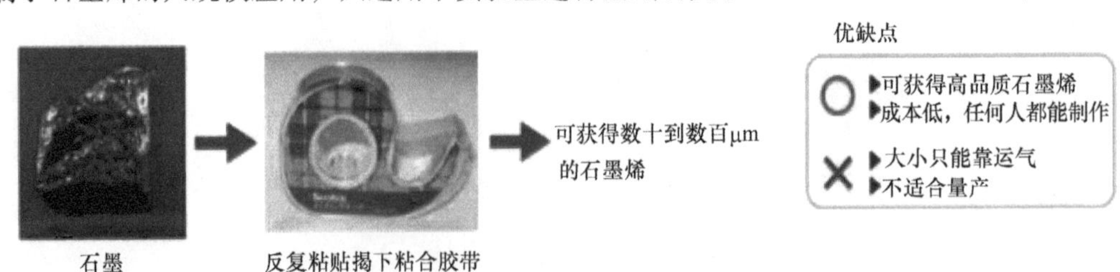

图 6.11　机械剥离法

另一种被人们广泛用于制备石墨烯的方法是外延生长法，即通过加热碳化硅脱去硅，再在此表面上外延生长石墨烯。具体制备过程如下：用氢或氧刻蚀碳化硅，得到高质量的样品表面，然后在超真空环境下对其进行电子束轰击加热到 1000℃，除去氧化物，待氧化物被完全去除之后，再将样品加热至 1250～1450℃，并恒温 1～20min，这样，碳化硅表面的硅原子就被蒸发掉了，从而形成了极薄的碳层，其厚度可由加热的温度来确定。这种方法需要的温度高、能耗大，且不易从基底上分离，因此不适于规模化生产。此外，衬底材料的不同也会对石墨烯的生长有不同的影响，表面石墨烯片层的电子性质受基底碳化硅的影响很大。而且，石墨烯不易从衬底材料上分离开来。

化学气相沉积法(CVD)为 20 世纪 60 年代起发展起来的一种基于物理化学原理的薄膜样品制备方法，是高温下含碳原子气体在衬底(如金属或非金属等)表面分解并沉积生成石墨烯材料的方法。直到 2008 年年底，麻省理工学院的 Jing Kong 研究组才制备出真正意义上的大面积、少层数的石墨烯，并成功转移，CVD 石墨烯的制备热潮由此开始。韩国成均馆大学采用类似 CVD 的方法生长石墨烯，衬底为金属箔，碳源为 CH_4，生长温度升至 1000℃，气体前驱物为 H_2 和 CH_4 的混合气，降温速率为 10℃/s。此方法的优点在于可满足规模化制备高质量、大面积石墨烯的要求，但是，在目前的技术水平下，此方法的成本较高、工艺较复杂，需要精确地控制加工条件，规模化生产方面受到限制。

4 石墨烯带来什么惊喜?

石墨烯在电子、航天军工、新能源等领域有广泛的应用潜力，有望引发现代电子科技新革命。石墨烯“出道”虽短，但其优异的力学、电学、光学特性，使它在不同领域都有应用潜力。石墨烯引发的火热效应并不局限在科学界，在产业界，石墨烯制成的新产品不断刷新人们对它的认识，那它具体给人们带来了什么惊喜呢?

储能领域

锂电池，石墨烯作为锂电池的导电添加剂，直接用于锂电池的正负极材料，可以改进电极材料的导电性(图 6.12)；超级电容器循环稳定性一般很差，添加石墨烯后，循环稳定性得到很大的提升，石墨烯在清洁能源中的应用主要依靠其能够改进工业特性和抑制体积膨胀来提高其性能；柔性储能电池，便携式电池的发展趋势是向轻薄柔发展，所以关键在于获得柔性电极器件，石墨烯可以形成很好的薄膜，可以用来制备弯曲可拉伸的电极器件；太阳能电池，石墨烯可以用于透明电极、光电极和背电极、光活性材料中。石墨烯在储能领域应用的现状：仅是替代，而不是独一无二；仅是性能改进，而非革命性突破；质量低，成本高；仅是概念，没有具体的成品。

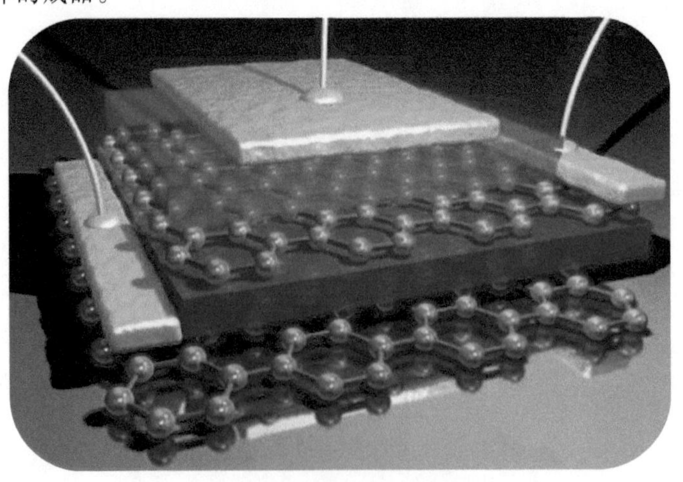

图 6.12　石墨烯锂电池模型

电子器件领域

石墨烯在手机上的应用十分广泛，石墨烯薄膜制成的触摸屏具有更灵敏的触控性能，操作更流畅。石墨烯薄、硬、透光性好，使手机显示效果更为逼真。石墨烯良好的导热性，可以将局部的高温传至其他地方使手机频繁使用也不发烫。除此之外，石墨烯在其他领域还给我们带来很多的可能性。比如说可以用来做更轻薄的防弹衣，用它制作曲面的手机和电脑显示屏等(图 6.13)，曾经有科学家预言，石墨烯将彻底改变 21 世纪，甚至引发新一轮工业革命。

图 6.13 概念手机图

众所周知，电子芯片的基础材料是硅，然而随着芯片上元器件越来越密集，在最高端的芯片上，两个元器件之间的距离已经不到 10nm，几乎达到了硅材料的极限。要想继续提高性能，该怎么办呢？科研人员已经在研究用石墨烯部分代替硅的作用。由它制备的器件的工作频率，理论上可以达到硅的十倍甚至上百倍。比如说应用在雷达上面，可以大幅提高雷达的分辨率。此外在通信、成像等领域都会有比较广泛的应用。

信息领域

石墨烯传感器是由石墨烯制作而成的用途广泛的高光敏度传感器(图 6.14)。这种新型传感器的关键在于使用了“滞留光线”的纳米结构。纳米结构的传感器能够比传统的传感器更长时间地捕获产生光线的电子微粒。这就会产生一种更强的电信号，就像数码相机所拍摄的照片一样，它能够将这种电信号转变成图像。石墨烯在信息领域的另一应用是调制器，世界上最小的石墨烯光学调制器，由美国加州大学伯克利分校华裔师生共同研制诞生。这个比人的头发细400倍的光学调制器具备的高速信号传输能力，有望将互联网速度提高一万倍，一秒钟内下载一部高清电影指日可待。

图 6.14 石墨烯传感器

科学家画廊

安德烈·海姆

安德烈·海姆，英国科学家，1994年，他在荷兰奈梅亨大学担任副教授，并与康斯坦丁·诺沃肖洛夫首度合作。他同时也是荷兰代尔夫特理工大学的名誉教授。2001年他加入曼彻斯特大学任物理教授。他最受瞩目的科研成果是2004年在曼彻斯特大学任教期间和康斯坦丁·诺沃肖洛夫发现了二维晶体的碳原子结构，即著名的石墨烯。因此，瑞典皇家科学院将2010年诺贝尔物理学奖授予他们，以表彰他们在石墨烯材料方面的卓越研究成就。

参考文献

高海丽，何里烈，夏同驰，等. 石墨烯制备技术最新研究进展[J]. 广东化工，2015, 42(24): 87- 88,109.

李庆，陈志萍，杨晓峰，等. 基于石墨烯吸波材料的研究进展[J]. 材料导报 A 综述篇, 2015, 29(19): 28-35,39.

宋峰，于音. 什么是石墨烯——2010 年诺贝尔物理学奖介绍[J]. 大学物理, 2011, 30(01): 7-12.

王耀玲，罗雨，陈立宝，等. 石墨烯材料的研究进展[J]. 材料导报, 2010, 24(S1): 85-88.

佚名. 我国将推出首个石墨烯国家标准[J]. 功能材料信息, 2016, 13(02): 10-11.

第七章
隐身“魔法”
——隐身材料

- 人眼看不到
- 雷达测不到
- 红外隐身
- 未来发展展望

隐身，一个被我们赋予奇幻色彩的词语。从《西游记》中孙悟空的隐身术到如今各种科幻片中的隐身衣，隐身总会引起我们的无限遐想。现在，让我们一起走进隐身世界。

1 人眼看不到

《哈利·波特与魔法石》中介绍了一款隐身斗篷，当哈利波特披上隐身斗篷后，他高呼“My body is gone”(我的身体消失了)，人眼便看不到他的身体了(图 7.1)，这激发了人们的好奇心。隐身衣一直存在于神话传说、小说和电子游戏中，目前还未成为现实。然而，随着对可见光隐身材料的研究，隐身衣或许在未来的某一天会成为现实。

图 7.1 《哈利·波特与魔法石》中的隐身斗篷

通常人们对隐身的理解是“人眼看不到物体”，也就是对可见光波段的隐身，可见光是人的眼睛可以看见的电磁波，波长范围是 0.4～0.76μm。只有达到可见光波段的隐身才是真正的隐身。要实现可见光隐身，要求既没有散射波的产生，也没有由于吸收而导致的电磁波“阴影”。目前，可见光隐身材料的最新进展主要体现在负折射率材料的研究开发上，同时量子隐身材料也引起了极大的关注。

负折射率材料

人们习惯用介电常数和磁导率来描述材料的电磁性质，并且认为这两个材料参数的值通常是大于或等于 1。负折射率材料(negative refractive index material)是一种超材料(metamaterial)，是指在电磁波某些频段的介电常数和磁导率同时为负值的新材料。

早在 1968 年，苏联物理学家维克托 · 韦谢拉戈(Victor Veselago)便根据麦克斯韦(Maxwell)方程组从理论上推导出介电常数和磁导率都是负值的新材料的存在。1996～1999 年，英国帝国理工学院的约翰 · 彭德里(John Pendry)等人相继提出用连续金属线和开口金属谐振环(SRR)可以在微波波段实现负介电常数和负磁导率。2001 年，美国加州大学圣地亚哥分校的物理学家根据约翰 · 彭德里等人的建议，利用以铜为主的复合材料首次在微波波段制造出一维的负折射率材料(图 7.2)，并用一束微波射入这种人工介质，微波发生负角度偏转，证明了负折射率材料的存在。2002 年 7 月，瑞士苏黎世联邦理工大学(ETHZ)实验室的科学家们宣布制造出了三维的负折射率材料。

图 7.2 一维负折射率材料

2003 年是负折射率材料研究获得多项突破的一年，基于科学家们的多项发现，负折射率材料的研制进入了美国 *Science* 杂志评出的 2003 年度全球“十大科学进展”，引起了全球瞩目。2004 年，彭德里等人在 *Science* 杂志上发布了关于谐振环磁响应在远红外频率范围的相关研究工作，使负磁导率首次在红外波段实现。之后，对负折射率材料的研究主要集中在可见光波段。

工 具 箱

超材料： 超材料是指一些具有天然材料所不具备的超常物理性质的人工复合材料或结构，是近年来国际学术界的研究热点之一。超材料不单是一种形态，也代表一种新的材料设计理念，即通过人工微结构单元构成的复合结构或复合材料实现自然材料所不能实现的特性或功能，给人们在世界观和方法论上带来革命性的改变。

负折射率材料具有负群速度、负折射效应、逆多普勒效应、逆切伦科夫辐射、理想成像等异常的物理性质，其中负折射效应是当今对负折射率材料应用研究的一个主要方向。自然界中，当入射光线穿过两种介质界面时会发生折射现象，入射光线和折射光线位于法线两侧，这种现象是人们熟悉的“正折射”。若入射光线与折射光线位于法线同侧，那这种现象就被称为“负折射”，如图 7.3 所示。负折射率材料的主要特点是改变了光的传播方向，从而在技术上实现了武器系统或作战平台真正意义上的隐身。

图 7.3　正折射和负折射现象

光波在负折射率材料中的传播路线如图 7.4 所示，圆环部分代表负折射率材料，实线代表波的传播。由图中可以看出，光波在材料内部发生了弯曲，在中间形成一个没有波传播的“空洞”。光波对于负折射率材料覆盖的空间既没有波的折射，也没有散射，而是绕过“空洞”传播。如果将物体放在洞中，因为没有波触及物体，也就没有携带关于物体信息的波被反射回来，因此人们也就不可能发现物体，从而使物体产生了视觉隐身。就像小溪里的流水经过一块石头时，溪流会绕过石头后再合拢继续向前，就像没有遇到过石头一样。

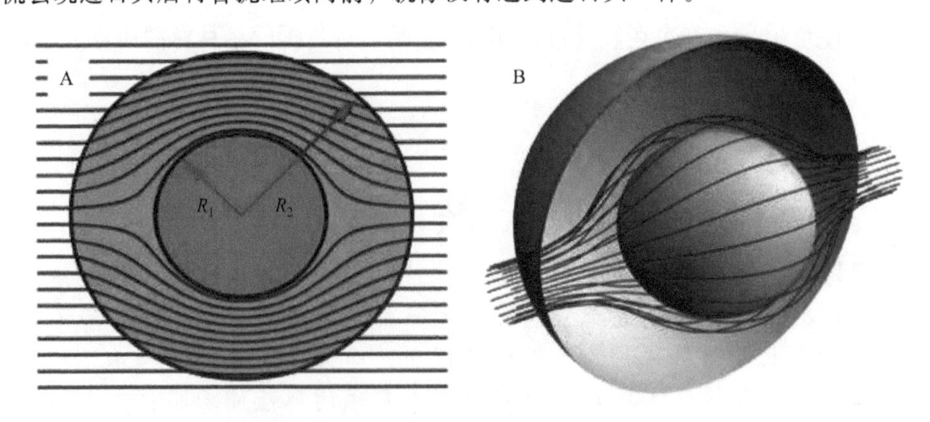

图 7.4　光波在负折射率材料中的传播路线

但是，就目前而言，研究人员利用负折射率材料只能实现微小结构的隐身，在宏观尺寸上实现隐身的困难非常大。

我国也一直致力于负折射率材料的研究，最近几年取得了一些突破性进展。2013 年浙江大学研究团队的工作人员演示了他们与新加坡南洋理工大学研究团队合作设计的“隐身衣”——一个正六边形玻璃器具。一束光在该“隐身衣”外“转弯”，穿过装置后仍按照原来的方向传播；将该“隐身衣”置于水中，可以让物体瞬间隐形，如图 7.5 所示。他们选用一种可以在工业上大规模制备的玻璃作为隐身衣的材料，通过均匀线性光学变换的方法设计并简化了隐身衣各个部分的参数，使光波绕过被隐身的区域，按照原来的方向传播，从而使物体隐身。目前，这一可见光频段的隐身衣还只能在某些特定的角度上取得理想的隐身效果，离应用很远，但“哈利 · 波特”式的隐身衣有望实现。

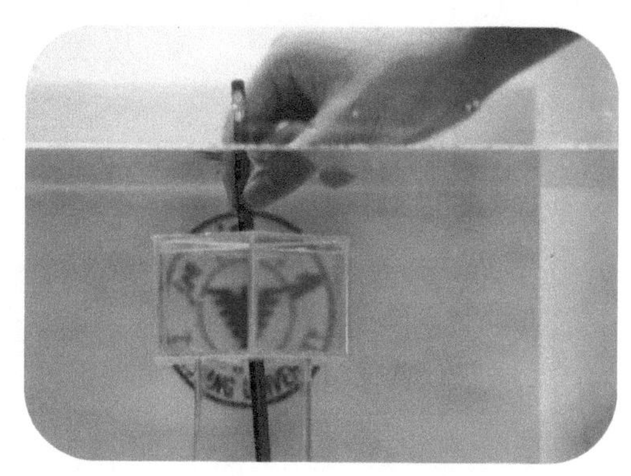

图 7.5 “隐身衣”

量子隐身材料

据英国《每日邮报》2012 年 12 月的报道，加拿大生物科技公司 Hyperstealth Biotechnology 已制成量子隐身材料，这种材料能够令光线弯曲，躲过人的视线，进而达到隐身效果，如图 7.6 所示。其神奇的效果就像哈利 · 波特的隐身斗篷，能使穿戴者在人们的视线中完全消失。

但是，该公司称由于这项研发过于机密，他们不能对外展示这种先进的材料，也不能透露任何有关如何使光线变弯的细节，只在其官网上提供了一些模型，介绍该材料能够达到的效果。因此，也引发了人们的质疑。

量子隐身材料若被开发出来，则首先会被应用于军事领域，如在飞机、军队、运输队或装甲车上使用，这将大大提高作战的隐蔽性和安全性。但是，如果由量子隐身材料制成的隐身衣成为现实，任何人都可以穿上它把自己隐藏起来，可能会引发种种社会问题，由此引起一些人的担心。美国犯罪纪实小说作者安妮 · 戴维斯(Anne Davies)认为，这可能会致使一些偷窃、抢劫等的防范在隐身衣面前无济于事。

图 7.6　量子隐形材料模拟效果

趣闻插播

日本“视觉伪装”隐身衣：2004 年，日本东京大学推出了一款隐身衣，其原理是将回复反射材料涂到衣服上，衣服上装配有照相机，照相机将衣服后面的场景拍摄下来，然后将图像转换到衣服前面的放映机上，再将影像投射到由特殊材料制成的衣料上。这种回复反射材料表面由成千上万个细小的珠子构成，光线碰到珠子后，将逆着入射方向反射出去。站在光源地的观察者可以接收到更多的反射光，看到的反射图像也更加明亮，从而使人的身体好像隐身一样。

日本“视觉伪装”隐身衣

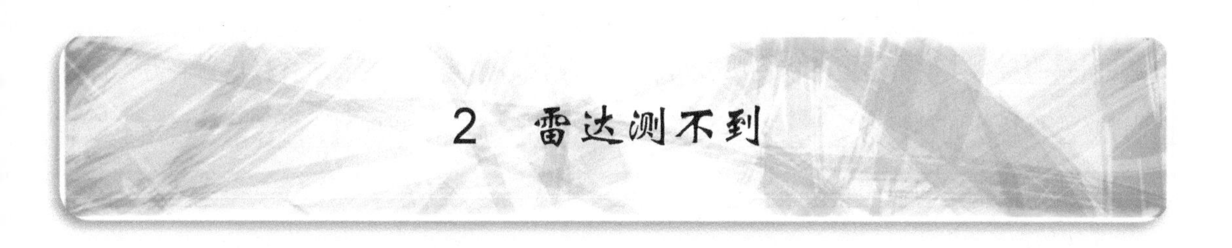

2　雷达测不到

目前可见光隐身材料的应用还有很多限制，但雷达吸波材料和等离子体技术已经比较成熟。

雷达吸波材料

雷达吸波材料(radar absorbing materials)也称为微波隐身材料，是目前应用最广的一种隐身材料，在整个隐身技术中起着重要的作用，在很多武器中都有应用，比如美国B-2战略轰炸机(图7.7)、F-22战斗机(图7.8)。所谓雷达吸波材料是指能够减少目标雷达散射截面积(RCS)的材料能，能使雷达接收到的目标回波强度降低到一定程度，从而使得雷达在正常距离上将目标回波判断为杂波而过滤掉，也就达到了隐身的目的。目前国内外研究与应用较多的雷达吸波材料有铁氧体吸波材料、碳纤维吸波材料、导电高聚物吸波材料、手性吸波材料等。雷达吸波材料按原理不同，可分为干涉型和吸收型两类。

图7.7　美国B-2战略轰炸机

图7.8　美国F-22战斗机

干涉型吸波材料又称谐振型吸波材料，是通过对电磁波的干涉相消原理(图 7.9)来实现回波缩减的材料。当雷达波入射到吸波材料表面时，部分电磁波从表面直接反射，另一部分通过吸波材料从底部反射。当入射波与反射波相位相反而频率相同时，两者便会相互干涉而抵消，从而使雷达回波能量被衰减掉。

干涉型吸波材料吸收频带很窄，但其厚度一般较小，这类材料适用于消除窄带干扰等场合。但对应用而言，它的频率覆盖范围太窄，为此制造了多层的吸波材料，使每一层都能让一种频率的反射波发生谐振。总的来说，干涉型吸波材料只能对一种或至多几种频率的雷达波起吸收作用，而且尺寸和质量都较大，因而应用受到限制。

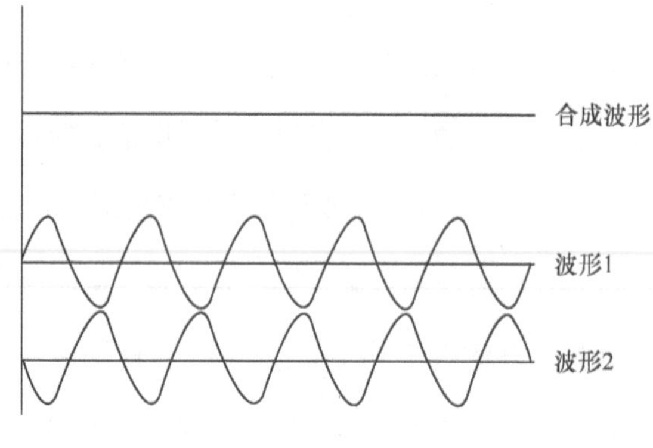

图 7.9　干涉相消原理图

吸收型吸波材料必须满足两个基本条件：①电磁波入射到材料上时能最大限度地进入到材料内部，即电磁匹配要好(匹配特性好)；②进入材料内部的电磁波能迅速地被衰减掉，即电损耗和磁损耗要大(衰减特性好)。

实现第一个条件的方法是通过采用特殊的边界条件来达到。电磁波在自由空间入射到有耗介质时，在界面处会发生反射、透射现象，材料对电磁波的透射关键在于材料与空气介质的阻抗是否匹配。当材料的阻抗与空气介质阻抗完全匹配时，反射系数为 0，电磁波能够完全进入材料内部。实现第二个条件则要求吸波材料的电损耗和磁损耗要大。电损耗依靠电介质的松弛极化原理，松弛极化与电场作用和热运动有关。热运动的作用力力图使材料中的质点分布混乱，而电场力图使这些质点按电场规律分布，最终要使质点按电场规律分布，然而在质点移动过程中要克服一定的势垒，需要吸收一定的能量，使电磁波能量转化为其他能量散失掉，以达到减小反射的目的。磁损耗指磁性材料在磁化过程和反磁化过程中有一部分能量不可逆地转变为热，所损耗的能量就是磁损耗。总之，吸收型吸波材料是在电磁波作用下，由于电损耗或磁损耗，而将电磁能转换为热能被消耗掉。

工具箱

手性吸波材料： 手性吸波材料是指与其镜像不存在几何对称性，且不能使用任何方法使其与镜像重合的材料。研究表明，具有手性结构的材料能够减少入射电磁波的反射并能吸收电磁波。20 世纪 90 年代初，我国将手性吸波材料附于金属表面的试验结果表明：它与一般吸波材料相比，具有吸波频率高、吸收频带宽的优点，并可通过调节旋波参量来改善吸波特性。

等离子体技术

目前，利用等离子体技术使武器装备隐身也是一种比较常见的技术手段。产生等离子体的方法主要有两种：一种是在飞机的特定部位(如强散射区)涂一层放射性同位素，对雷达波进行吸收；另一种是在低温下，通过电源以高频和高压的形式提供的高能量产生间隙放电、沿面放电等，将气体介质激活，电离形成等离子体。

等离子体隐身的机理有很多，其中最常见的有折射隐身和吸收隐身。

由于等离子体的折射率与等离子体的自由电子密度有关，适当设计等离子体的密度分布，使入射到等离子体内部的电磁波向外弯曲，使雷达回波偏离敌方雷达的接收方向，使目标难以被敌方雷达发现，从而实现对雷达的折射隐身。

吸收隐身是利用电磁波与等离子相互作用特性来实现的，其中等离子体频率起着重要的作用。当入射波的频率大于等离子体频率时，电磁波入射到等离子体内部。电磁波在等离子体中传播时，一部分能量传给等离子体中的带电粒子，被带电粒子吸收，而自身能量逐渐衰减，使雷达接收到的反射信号大大减弱。

工 具 箱

等离子体： 当任何不带电的普通气体在受到外界的高能激励作用后，部分原子中的电子脱离原子核的束缚成为自由电子，原子因失去电子而成为带正电的离子，这样原来中性气体就因电离而转变为大量自由电子、正电离子和部分中性原子组成的宏观仍呈电中性的电离气体，这类气体就称为等离子体。

值得我们自豪的是，2015 年，我国华中科技大学率先研制出一种可调节自身对雷达波吸收率的材料。同年在美国 *Applied Physics*(应用物理)杂志 118 期上发表了相关论文。该论文阐述了将“有源频率选择吸收表面”用于吸收特高频波段雷达波的技术。它可以根据敌方雷达的探测频率调节自身对雷达波的吸收率，从而大大降低雷达反射面积，可能让现有只能吸收固定波段电波的隐身涂层技术彻底过时。这种新材料由环氧层支撑材料、铜和半导体结合的有源频率选择表面、蜂窝电介质分层和固定到车辆上的最终层组成，总厚度比在相同的频率上吸收雷达信号的其他材料要薄得多。在测试中，研究者们发现他们制成的“有源频率选择吸收表面”的最佳吸波效果是在 0.7～1.9GHz 范围内的波段，可以将反射率削减 10～40dB。对此，美国《国际商业时报》评论称，倘若这种材料被应用于军事领域，中国在海上和空中实力将“急剧增强”，甚至将对美国在此领域的霸主地位形成挑战。当然，在“中国威胁论”方面，美国媒体通常都会夸大其词，但这也从侧面显示了这种材料的强大。

3　红外隐身

红外波是电磁波的一部分，其波长范围为0.76～1000μm。红外探测系统是依靠探测目标自身和背景的热辐射差别来发现和识别目标(图 7.10)，因此该波段的探测也称为热红外探测。

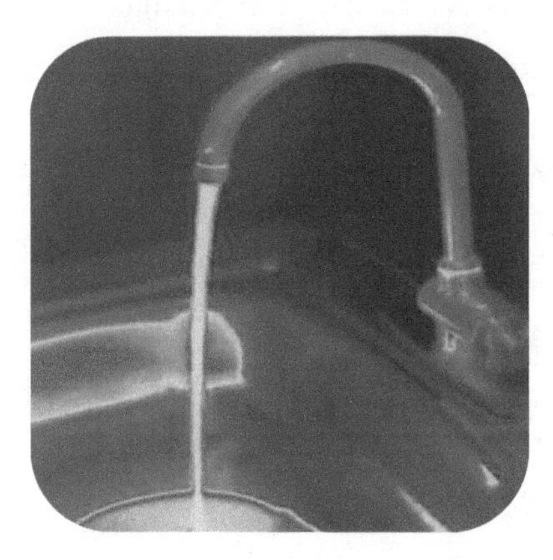

图 7.10　红外成像图片

红外隐身材料

目标与背景之间的红外辐射的反差成为红外探测系统的捕捉信号，如果这个反差值小于红外探测系统的最小分辨率，就能达到红外隐身的目的。根据斯特藩-玻尔兹曼定律，物体辐射红外能量不仅取决于物体的温度，还取决于物体的发射率。因此，红外隐身的关键在于控制目标的表面温度和发射率。所以可将红外隐身材料分为控制发射率材料和控制温度材料两类。

工具箱

斯特藩-玻尔兹曼定律

$$j=\varepsilon\sigma T^4$$

式中，j为物体在温度T时的辐射能量；σ为玻尔兹曼常数；ε为物体的发射率；T为物体的热力学温度。

(1) 控制发射率材料

控制发射率材料主要有涂料和薄膜两类。涂料通常由黏结剂和颜料配置而成，其中黏结剂除要求高的技术性能外，还要求是透红外的，而颜料有金属、着色和半导体颜料。涂料除了具有较低发射率外，还应具有一定的隔热能力，避免目标表面吸热升温，将过多热红外波段能量辐射出去。

低发射率薄膜是一类极有潜力的红外隐身材料，适用于中红外波段，这种薄膜的作用是弥补目标与环境的辐射温差。最大优点是具有很低的发射率和良好的绝热作用。一般采用真空镀膜方法，膜层厚度小于1μm。分为金属膜、半导体膜、电介质膜、金属多层膜、类金刚石膜等。

(2) 控制温度材料

控制温度的红外隐身材料主要包括隔热材料、相变材料。

隔热材料。隔热材料用来阻隔装备发出的热量使之难以外传，从而降低装备的红外辐射强度，有微孔结构材料和多层结构材料两类。隔热材料可由泡沫塑料、粉末、镀金属塑料膜等组成。

相变材料。相变材料在发生物相转变时，伴随吸热、放热效应而引起温度变化，利用这种特性可以从温度上对目标的热辐射能量加以控制，使其与周围环境保持恒温。

4 未来发展展望

随着技术手段的发展，现代侦察系统决定隐身材料必须在一定程度上满足不同的兼容要求，比如有些侦察设备针对雷达和红外制成武器攻击威胁，提出雷达和红外兼容隐身材料研究要求；针对可见光和红外制成武器，提出可见光和红外兼容隐身材料研究要求等。

目前国内外研究的兼容材料有：雷达与红外兼容隐身材料、红外与激光兼容隐身材料及可见光、近红外、远红外和微波等多波段隐身材料。德国研制的一种半导体兼容隐身材料便可同时对抗可见光、近红外、热红外激光和雷达的威胁。我国在兼容隐身材料方面也做了一些研究。例如，北京工业大学研究了以粉煤灰空心微珠为基核，在其表层沉积纳米金属(Cu、Ni)微粒及 TiO_2 微粒后制得复合材料，其对红外光波和可见光波具有较强的吸收性能，吸收率可达 85%以上，山东工业陶瓷研究设计院的任卫等人则研究了红外和雷达隐身材料。

在未来，各种军事目标会更多的完全处于可见光、雷达和红外等多种探测设备的监视之下，所以为了防探测，要致力于综合隐身材料的研究。

参考文献

凌永顺. 等离子体隐身及其用于飞机的可能性[J]. 空军工程大学学报：自然科学版，2001，1(2): 1-3.

屈绍波，王甲富，马华，等. 超材料设计及其在隐身技术中的应用[M]. 北京：科学出版社，2013.

孙敏，于名讯. 隐身材料技术[M]. 北京：国防工业出版社，2013.

Pendry J B, et al. Extremely low frequency plasmons in metallic meso structures[J]. Phys Rev Lett, 1996, 76: 4773-4776.

Pendry J B, et al. Magnetism from conductors and enhanced nonlinear phenomena[J]. IEEE Trans MTT, 1999, 47: 2075-2084.

Shelby R A, Smith D R, Schultz S. Experimental verification of a negative index of refraction[J]. Science, 2001, 292(6): 77-79.

Shelby R A. Microwave experiments with left-handed materials[D]. San Diego University of Califoria, 2001.

Smith D R, Padilla W J, Vier D C, et al. Composite medium with simultaneously negative permeability and permittivity[J]. Physical Review Letters, 2000, 84(18): 4184-4187.

Vesselago V G. The electrodynamics of substances with simultaneously negative values of permittivity and permeability[J]. Sov Phys Usp, 1968, 10(4): 509-514.

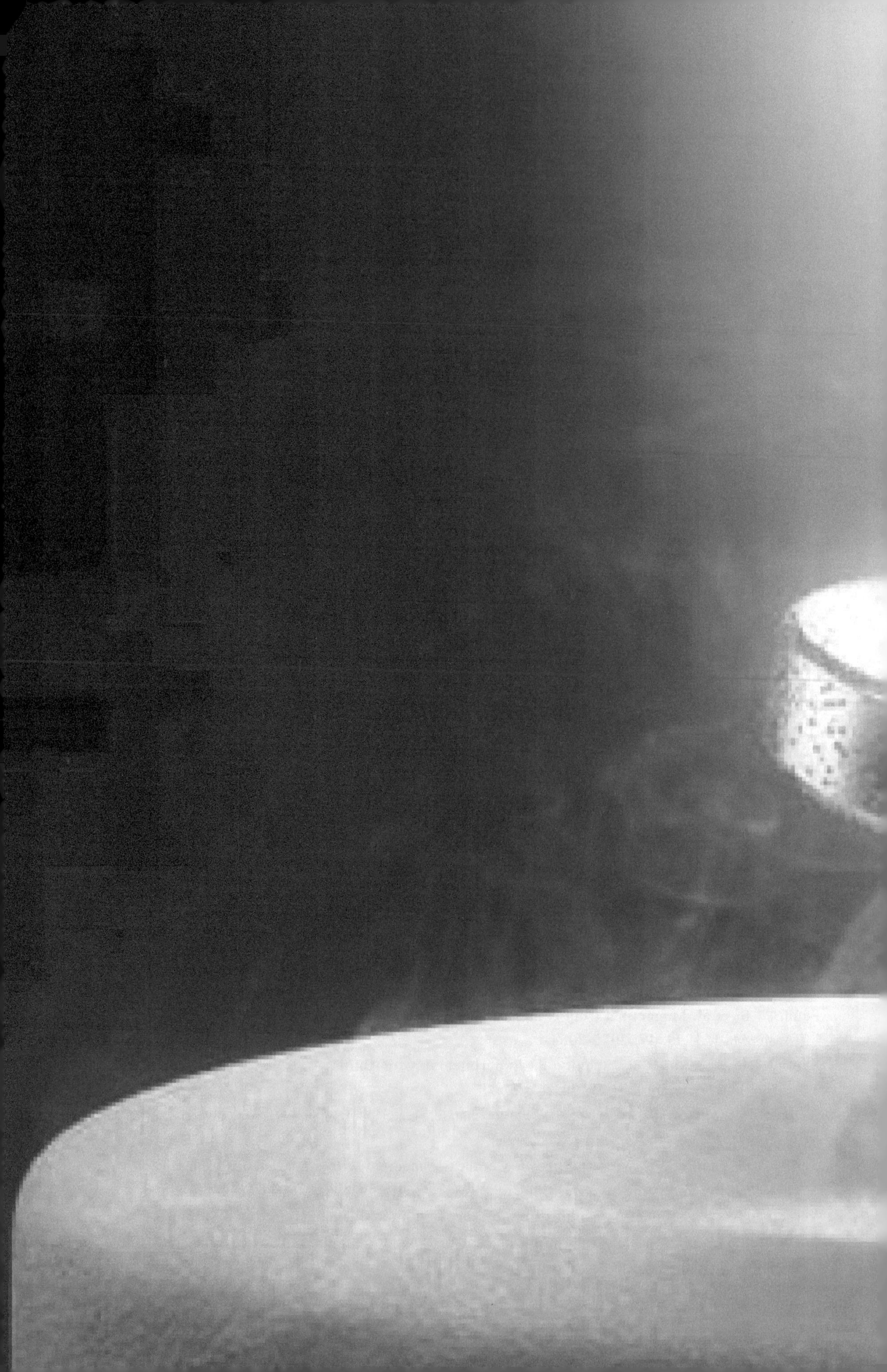

第八章
无限自由
——低温世界的超导体

● 神奇的悬浮
● 超导的发展
● 超导体的分类
● 超导能带来哪些应用?
● 未来超导体的发展

20 世纪初海克·卡末林·昂内斯在观察低温下水银电阻时发现在 4.2K 附近时水银的电阻消失了!这一现象被称为超导。随后又发现能自动爬上杯壁的超流现象。在低温的锡上放一磁体，磁体会“悬浮”起来，就像魔术大师表演的人体漂浮一样!这些现象背后的理论到底怎样构建、超导的发展和应用又该何去何从是科学家们励志探索的动力。如超导材料权威马赛厄斯所说：“如果能在常温下，例如 300K 左右实现超导电性，那么现代文明的一切技术将发生变化。”

1 神奇的悬浮

当看到惊险的人体悬浮魔术表演时想必大家也想要拥有这样的技能吧。在19世纪人们就发现了这种自带悬浮性质的导体——超导体，它可以在低温下悬浮一年多的时间！究竟是什么原因让它有这样神奇的能力呢？现在我们就根据科学家的脚步重新“发现”它。

图8.1 海克·卡末林·昂内斯

19世纪末，在低温研究上展开过一场世界性的角逐。人们已经得到比如90.2K的液氧、77.3K的液氮等。1895年，人们在大气中发现氦气并在同年液化了曾一度认为是“永久气体”的空气。三年后，英国物理学家杜瓦(James Dewar)在范德瓦耳斯方程的指导下制得液氢。但在液氢的-253℃的低温区仍不能液化氦气，而其他的气体在这样低的温度下都变成固体了，这也意味着液氦有更低的温度。1908年7月，荷兰莱顿大学的海克·卡末林·昂内斯(Heike Kamerlingh Onnes，图8.1)教授在闻名世界的低温研究中心——莱顿实验室，成功将最后一种“永久气体”——氦气液化了。他又用降低液氦蒸气压的方法获得了4.25～1.15K的低温，这为超导体的发现奠定了基础。1910年，呼应时代的需求，昂内斯开始和他的学生研究低温条件下的物态变化，得到了著名的昂内斯方程。1911年，在导师基尔霍夫(Gustav Robert Kirchhoff)的影响下，昂内斯开始研究金属的电导率。首先昂内斯将汞冷却到-40℃，使汞凝固成线状，然后利用液氦将温度降低至4.2K附近，并在汞线两端施加电压(图8.2)，发现当温度稍低于4.2K时，汞的电阻突然消失！

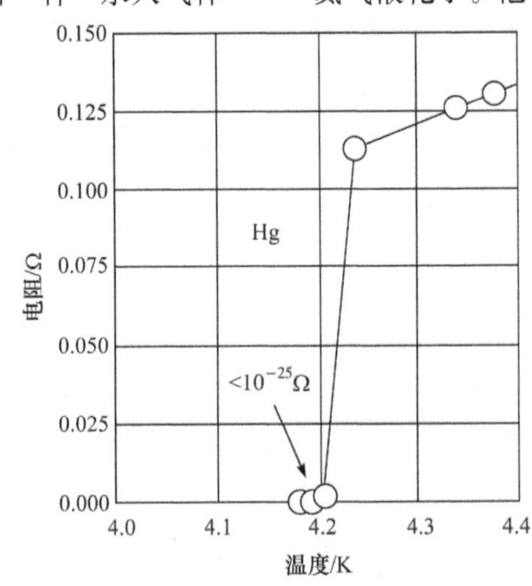

图8.2 水银的电阻与温度的关系

昂内斯还对另外一些金属、合金进行了实验，发现它们也具有在各自的某一低温下电阻消失的现象。我们知道在常温下导体都有电阻，昂内斯就称这种在低温下电阻消失的现象为超导。由于这一发现，昂内斯荣获了1913年诺贝尔物理学奖。超导体(superconductor)，或称为超导材料，就是指在某一温度下，具有电阻为零的性质的导体。我们把这一温度称为临界温度 T_c。在实验中，若导体电阻的测量值低于 $10^{-25}\Omega$，也认为电阻为零。那电阻为零是否意味着超导体就是理想导体？答案显然是否定的。当我们了解了超导体的性质后就自然能够区分它们了。现在我们来看看超导体三个非常重要的性质。

超导体临界温度 T_c

当温度降低至某一温度以下时，电阻突然消失，我们就称这一温度为超导体的临界温度 T_c。如铟的临界温度为3.4K；锡的临界温度3.7K；铅的临界温度7.2K等。当超导体在临界温度时称为完全电导性或零电阻效应。完全电导性仅适用于直流电，因为处于交变电流或交变磁场下，会有交流损耗，且频率越高，损耗越大。而生活中的电器大多都是使用的交流电，比如冰箱，电灯。但交流损耗是表征超导材料性能的一个重要参数，如果交流损耗能够降低，就可以提高运行的稳定性。

超导体临界磁场 H_c

1933年，迈斯纳(Meissner)和奥克森菲尔德(Ochsenfeld)对围绕球形导体(单晶锡)的磁场分布进行测量，他们发现：当外界磁场强度超过某一磁场强度 H_c 时，超导体恢复到正常状态。我们把这一磁场强度称为临界磁场强度 H_c，这里需要注意磁场强度 H 与磁感应强度 B 是有区别的。临界磁场强度 H_c 与温度 T 有如下关系：

$$H_c(T)=H_c(0)\left(1-\frac{T^2}{T_c^2}\right)$$

只要 $T<T_c$，超导体内的磁感应强度 B 总是为零，即不考虑降温与加磁场的顺序。而对于前面说的理想导体，从电磁理论来说，先降温后加磁场与先加磁场后降温得到的磁感应强度 B 是不同的。我们把超导体的这种临界磁场的性质称为完全抗磁性或完全迈斯纳效应，“抗磁性”指在磁场强度低于临界值的情况下，磁场线无法穿过超导体，超导体内部磁场为零的现象。“完全”指降温与加磁场的顺序不影响超导体内的磁感应强度 B。这是完全抗磁性的核心，也是超导体区别于理想导体(即电阻率为0的导体)的关键。那么，为什么超导体内会出现完全抗磁性呢？那是因为在超导体的表面产生一个无损耗的抗磁超导电流，这一电流产生的磁场，恰巧抵消了超导体内部的磁场，与静电场内屏蔽非常相似。

趣闻插播

“悬浮”：曾有科学家做了一个显示出超导体的完全抗磁性的有趣实验。把铅碗浸在液氦中，这时铅就处在超导态了，当一根永久磁棒靠近铅碗表面时，出现了磁棒悬空漂浮的情景。后来人们还做过这样一个实验，在一个浅平的锡盘中，放入一个体积很小但磁性很强的永久磁铁，然后把温度降低，使锡出现超导性。这时可以看到，小磁铁离开锡盘表面飘然升起，与锡盘保持一定距离后，便悬空不动了。这是由于超导体的完全抗磁性使小磁铁的磁场线无法穿透超导体，磁场发生畸变，而在超导体表面有感应电流，这便产生了一个向上的“浮力”，与重力平衡而使磁铁悬浮在空中。

神奇的磁悬浮

超导体临界电流密度

超导体的第三个性质是临界电流密度 J_c。当通过超导体的电流密度超过临界电流密度 J_c时，超导体由超导态恢复为正常状态。临界电流密度 J_c与温度、磁场强度有关。其实在超导体中存在着两种电子，一种是正常的电子，另一种是超导电子，即二流模型。1935 年，伦敦兄弟(London，Fritz and Heinz)提出用于描述超导电流与弱磁场关系的伦敦方程，以解释在直流情景中全部的电流是由超导电子提供的，因而表现出零电阻性质的现象。1950 年，金兹堡(Vitaly Lazarevich Ginzburg)和朗道(Lev Davidovich Landau)在二级相变的理论基础上综合超导体的电动力学、量子力学、热力学性质，提出用于描述超导电流与强磁场(接近临界磁场强度)关系的 GL(Ginzburg-Landau)理论。之后皮帕德(Pippard)提出用于完善伦敦方程的皮帕德理论。普通导体只有同时满足这三个性质才能从普通导体变为超导体。

2　超导的发展

如果导体处于超导态，那么它就具有完全电导性，那么超导体的电流究竟有多大，能持续多久呢？为了证实超导体电阻为零，科学家将一个铅制的圆环放入温度低于 T_c=7.2K 的空间，利用电磁感应使环内激发起感应电流。从 1954 年 3 月 16 日始，到 1956 年 9 月 5 日止，在两年半的时间内电流一直没有衰减，这说明圆环内的电能没有损失，当温度升到高于 T_c 时，圆环由超导状态变为正常态，材料的电阻骤然增大，感应电流便立刻消失。这就是著名的昂内斯持久电流实验。

BCS 理论

1957 年巴丁(J.Bardeen)、库珀(L.N.Cooper)和施里弗(J.R.Schrieffer)基于同位素效应、超导能隙等重要实验结果，合作创建了超导微观理论 BCS(Bardeen-Cooper-Schrieffer)，该理论以这三个科学家的首字母命名。BCS 理论是以近自由电子模型为基础，以弱电子-声子相互作用为前提建立的理论。BCS 理论认为：电子在晶格中移动时会吸引邻近格点上的正电荷，导致格点的局部畸变，形成一个局域的高正电荷区。这个局域的高正电荷区会吸引自旋相反的电子，和原来的电子以一定的结合能相结合配对，就是超导电子，称为库珀电子对(图 8.3)。在很低的温度下，这种配对的结合能可能高于晶格原子振动的能量，这样，电子对将不会和晶格发生能量交换，没有电阻，形成超导电流。BCS 理论很好地从微观上解释了第一类超导体存在的原因，理论的提出者巴丁、库珀、施里弗因此获得 1972 年诺贝尔物理学奖。但 BCS 理论无法解释第二类超导体存在的原因，尤其是根据 BCS 理论得出的麦克米兰极限温度(超导体的临界转变温度不能高于 39K)，早已被第二类超导体突破。

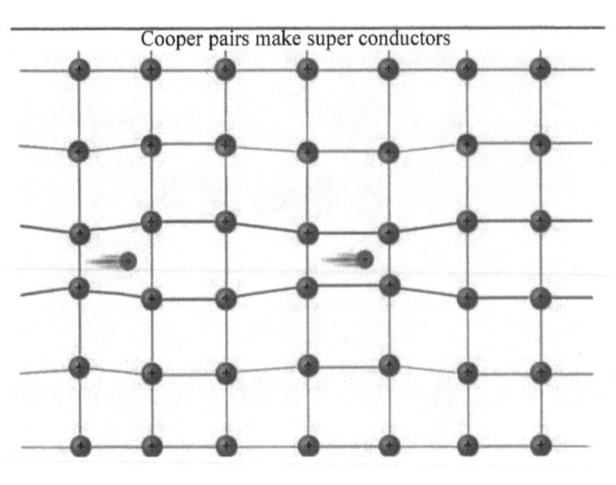

图 8.3　库珀电子对的形成

1957 年巴丁、库珀和施里弗合作创建了超导微观理论(BCS)，并于 1972 年获诺贝尔奖。这一理论能对超导电性作出正确的解释，并极大地促进了超导电性和超导磁体的研究与应用。

通量量子化

1957 年，贾埃弗(J.Giaever)完成了量子力学隧道试验，1960 年他对江崎玲于奈(Reona Esaki)发现的隧道效应进行研究，不过他用的实验材料是一块超导金属和一块普通金属。1962 年，剑桥大学仅 20 多岁的研究生约瑟夫森(B.D.Josephson)在理论上预言——电子能通过两块超导体之间薄绝缘层。在不到一年的时间内，安德森(P.W. Anderson)和罗厄耳(J.M.Luoeer)等人从实验上证实了约瑟夫森的预言。预言超导隧道效应的约瑟夫森、开创隧道技术的江崎玲于奈，以及验证框架半导体隧道和超导隧道间联系的贾埃弗三人共享 1973 年的诺贝尔奖。这一发现为超导体中库珀电子对运动提供了证据，对超导现象本质的认识更加深入。约瑟夫森效应成为微弱电磁信号探测和其他电子学应用的基础。

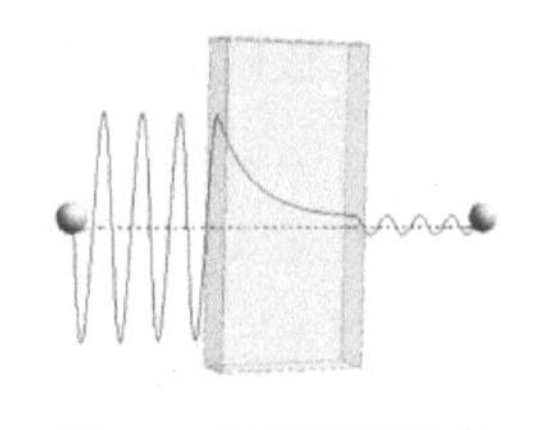

图 8.4　量子隧道效应

现在我们来了解一下量子隧道效应(图 8.4)。首先，单电子隧道效应，就是当一个电子在势垒中运动时，电子可以借助真空，从真空吸收一个虚光子，使自己的能量增大而越过势垒，电子一旦越过势垒，便将虚光子送还给真空。同时，电子的能量也返回到原来的值，量子理论称它为隧道效应。这其实是由于粒子具有波粒二象性，粒子的波动性使粒子具有波的反射和透射性质。这使粒子具有克服位垒而有一定的穿透可能性。

1962 年，约瑟夫森提出，电子对也能通过像超导体(superconductor)-绝缘体(insulator)-超导体(superconductor)SIS 这样的隧道元件，即电子对也能成对地从势垒中贯穿过去。约瑟夫森效应可分为直流约瑟夫森效应和交流约瑟夫森效应。直流约瑟夫森效应是指电子对可以通过绝缘层形成超导电流。电子对穿过势垒可以在零电压下进行，即不需要电场力的驱动也能运动。所以约瑟夫森效应与单电子隧道效应不同，我们可以用实验对它们进行鉴别。交流约瑟夫森效应是指当外加直流电压达到一定程度时，除存在直流超导电流外，还存在交流电流，最大超导电流随外磁场大小做有规律的变化。直流约夫森效应和交流约夫森效应具有共同的特点，即都是双电子隧道效应。

通量量子化又称约瑟夫森效应，指当两层超导体之间的绝缘层薄至原子尺寸时，电子对可以穿过绝缘层产生隧道电流的现象，即“超导体-绝缘体-超导体”结构可以产生超导电流。不管“超导体-半导体(绝缘体)-超导体(SIS)”或“普通导体-半导体(绝缘体)-超导体(NIS)”实际上只要是两块弱耦合(耦合区尺寸≤电子对的相干长度)的超导体都可构成约瑟夫森结(图 8.5)，不一定需要采用隧道结的形式。

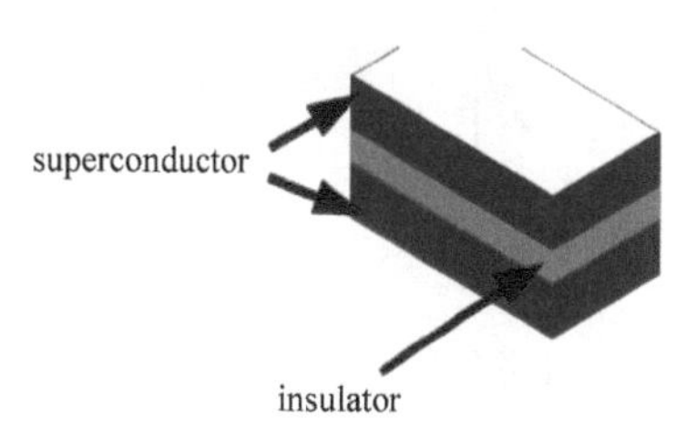

图 8.5 约瑟夫森结

高温超导的发现

想要超导体很好地应用于我们的生活，那么温度就是一个非常大的限制因素，科学家们需要穷尽其思，另辟蹊径。之后人们从化合物开始着手，1973 年发现超导合金——铌锗合金，其临界超导温度为 23.2K(−249.95℃)，但这一记录却保持了近 13 年之久，可见温度的提高非常困难但又亟待解决。接着 1980 年，合成出第一个有机超导体(TMTSF)2PF6。美国霍普金斯研究小组首先合成一种有机材料(TMTSF)2X，它在 T_c=1K 时成为超导体。此后短短 5 年中，有机超导材料临界温度提高到 8K。

1986 年 4 月，瑞士的缪勒(K.A.Muller)和德国的柏努兹(J.G.Bednorz)发现一种成分为钡-镧-铜-氧的陶瓷性金属氧化物 $LaBaCuO_4$，其临界温度可达 35K(−240.15℃)，称其具有高温超导性。由于陶瓷性金属氧化物通常是绝缘物质，因此这个发现的意义很大，缪勒和柏努兹也因此荣获了 1987 年度诺贝尔物理学奖。此后，高温超导的研究迅速发展。美国贝尔实验室研制出临界超导温度达 40K(-235.15℃)的超导材料，打破液氢的“温度壁垒”(40K)。

1987 年年初，美国华裔科学家、休斯敦大学教授朱经武以及中国科学家赵忠贤相继研制出钇-钡-铜-氧系材料，临界超导温度提高到 90K(-185.15℃)以上，打破液氮的“温度壁垒”(77K)。1987 年年底，科学家们又发现铊-钡-钙-铜-氧系材料的临界温度达 125K(-150.15℃)。我国的吴茂昆、陈立泉等研究者也在高温超导的研究领域中做出许多成绩。

科学家画廊

赵忠贤

赵忠贤教授长期从事低温与超导的研究及高温超导电性的研究。研究氧化物超导体 BPB 系统及重费米子超导性；在 Ba-La-Cu-O 系统研究中，注意到了杂质的影响，并参与发现了液氮高温区的超导体。由此赵忠贤及其合作者都取得了重要成果：独立发现液氮温区的高温超导体和发现系列 50K 以上铁基高温超导体并创造 55K 的纪录。

1988 年，日本日立制作所发现 Bi-Sr-Ca-Cu-O 超导体临界温度达 110K。之后还发现铊系化合物超导材料的临界温度可达 125K。汞系超导材料的临界温度达 135K。对高温导体类型的研究发现还有很多，但 GL 和 BCS 理论已经不能解释高温超导体了。而此时，金兹伯格(Vitaly Ginzburg)、莱格特(Anthony Leggett)、阿布里科索夫(Alexei Abrikosov)建立的理论却可以很好地解释为什么会有“高温超导体”的存在，或称为第二类超导体。

科学家画廊

2003 年，诺贝尔物理学奖授予美国阿尔贡国家实验室的阿力克谢·阿布里科索夫、俄罗斯莫斯科莱伯多夫物理研究所的维塔利·金兹伯格和美国伊利诺伊大学教授安东尼·莱格特，以奖励他们在超导和超流理论方面的先驱性贡献。

阿布里科索夫　　金兹伯格　　莱格特

3　超导体的分类

接下来，我们来了解一下第一类超导体和第二类超导体(图 8.6)，它们是根据材料对磁场的响应划分的。从宏观上看，第一类超导体只有一个临界磁场强度，具有完全的迈斯纳效应。这类超导体只有低温超导态和正常态两种状态。在已发现的元素超导体中，第一类超导体占大多数，主要是金属。第二类超导体有两个临界磁场强度，在两个临界值之间，材料允许部分磁场通过。从微观 GL 理论，表面能 κ 是划分两类超导体的标准。第二类超导体金属只有钒、铌、锝；主要是合金、化合物和陶瓷超导体。我们可以根据其是否具有磁通钉扎中心又把第二类超导体细分为理想第二类超导体和非理想第二类超导体。理想第二类超导体的晶体结构比较完整，不存在磁通钉扎中心。又因为磁通线均匀排列，在磁通线周围的涡流会彼此抵消使体内无电流通过，因而不具有高临界电流密度。非理想第二类超导体因为晶体结构存在缺陷，且存在磁通钉扎中心，其体内的磁通线排列也不均匀，因而体内各处的涡流不能完全抵消使得体内有电流，从而具有高临界电流密度。真正适合实际应用的超导材料是非理想的第二类超导体，即存在磁通钉扎中心、有电流存在的情况。

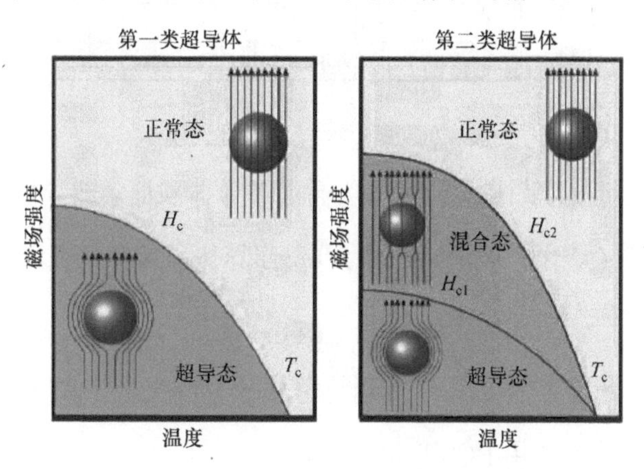

图 8.6　第一类超导体与第二类超导体

从前面我们已经了解到了很多类型的超导体。其实超导体还可以根据材料类型分为：简单金属(如临界温度 9K 的铌)、合金(如临界温度 23K 的锗三铌)、有机导体(如临界温度 1K 的 TMTSF)、分子超导体(如临界温度 52K 的 C_{60})、高温超导体(如临界温度 134K 的汞分子超导体和临界温度 39K 硼化镁)，如图 8.7 所示。

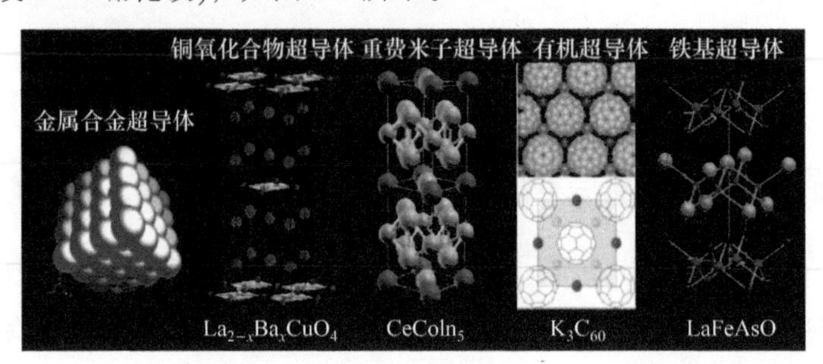

图 8.7　超导体根据材料类型的分类

超导体还可以根据超导现象出现在常压或高压划分。在常压下具有超导电性的元素金属有 32 种(图 8.8 中蓝色方框)，而在高压下或制成薄膜状时具有超导电性的元素金属有 14 种(图 8.8 中绿色方框)。

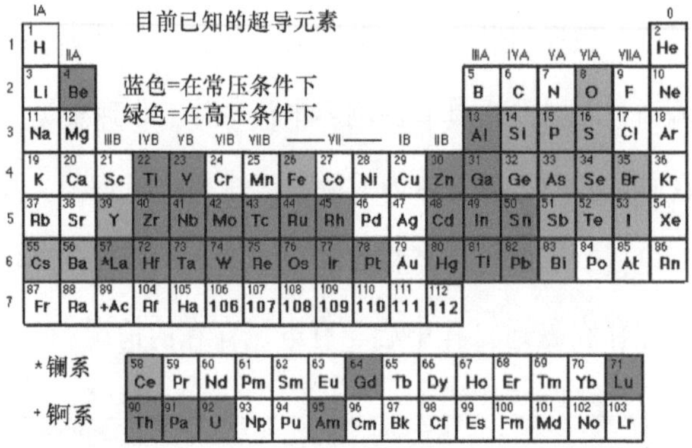

图 8.8　常压和高压下的超导体

也可以根据液氮温度(77K)临界温度分为高温超导体和低温超导体。高温超导体通常指临界温度高于液氮温度(大于 77K)的超导体，低温超导体通常指临界温度低于液氮温度(小于 77K)的超导体。

最后，也有人根据超导体能否用 BCS 理论解释分为传统超导体(可以用 BCS 理论或其推论解释)和非传统超导体(不能用 BCS 理论解释)。

4　超导能带来哪些应用？

超导体所特有的性质主要有三类应用：完全电导性对应着强电应用，通量量子化对应着弱电应用，完全抗磁性对应着抗磁性应用。强电应用包括超导发电、超导输电、超导磁体的应用等；弱电应用包括超导微波器件(YBCO 高温超导薄膜)、超导量子干涉器件(SQUID)、弱磁场测量、超导计算机、超导天线等；抗磁性应用主要包括磁悬浮列车和热核聚变反应堆等。下面我们一一呈现。

超导体强电应用

超导发电机(图 8.9)：一般而言，超导发电机有两种含义。一种是将普通发电机的铜绕组换成超导体绕组，它具有发电容量大、体积小、重量轻、电抗小、效率高的优势，这样就可以提高磁场强度。这是因为超导材料在超导状态下电阻为零，热损失减少非常多，这样只需消耗极少的电能，就可以得到十万高斯以上的稳态强磁场。而用常规导体做磁体，因为传统磁体在发电过程中会产生很大的损耗，要产生同样大的磁场，需要消耗大量的电能和冷却水。另一种含义是指超导磁流体发电机，也叫等离子发电机，是运用霍尔效应让导电流体，例如空气或液体在洛伦兹力下发生偏转，形成电势差。磁流体发电机也具有效率高、发电容量大等优点。当然，这些都是理论上而言的，实际上目前各国都还处在开发超导发电机的过程中，日本一些大的取得成效的电机、电线制造和电力公司组成的超导发电机和材料技术研究机构，曾在 1991 年宣布在开发高速旋转状况下稳定发挥作用的超导发电机用超导线圈方面取得进展。在这

图 8.9　超导发电机

项成果的基础上，下一个目标是制造超导发电机的转动部分的样机，最后实施万千瓦级超导发电机的验证试验。同年，美国俄亥俄州克利夫兰的信实电气公司展示了一种装有超导线圈的工作电机，这种线圈使用的是美国超导体公司制造的新型高温陶瓷超导线材。

超导输电电缆(图 8.10)：由高温超导材料制作的输电线。如果也用超导变压器，这样就可以几乎无损耗地把电输送给用户。当然，高温超导材料的高温只是相对的，我们仍然需要液氮的低温让导体由正常态转变为超导态。所以仍然还有很大的技术、材料和经济的条件限制，目前还不能在我们生活中应用自如。据统计，用铜或铝导线输电，约有 15%的电能损耗在输电线路上，在中国，每年的电力损失达到 1000 多亿度。如果用超导输电，节省的电能相当于新建数十个大型发电厂。

超导磁体：一般而言，用磁铁来产生磁场的主要有三种——永久磁铁、电磁铁[磁感应强度可高达 24000 Gs(2.4T)]、超导磁铁[磁感应强度可高达 190000 Gs(19T)]。可见超导磁铁产生的磁场几乎是前者的 8 倍。超导磁场可以产生一个很大并且均匀的磁场，因此可以用来做核磁共振成像，检查有无病变。与 CT 相比它可以穿过人体的软组织如皮肤、肌腱、韧带、神经，可以得到人体组织的化学变化和动态信息，可以研究蛋白质结构与功能的关系做癌变的早期诊断。当然它也有噪声大、受磁场干扰的缺点。核磁共振得到的图片，通常是渐变的灰黑色，可以看到软组织。如果加上彩超就是彩色的图片。常见的生物医疗方面的超导技术有超导核磁共振成像装置(MRI，图 8.11)和核磁共振谱仪(NMR)，它们都是基于核磁共振原理而研制出来的(图 8.12)，是利用原子核性质分析物质的磁学式分析仪器。通过观察体内某

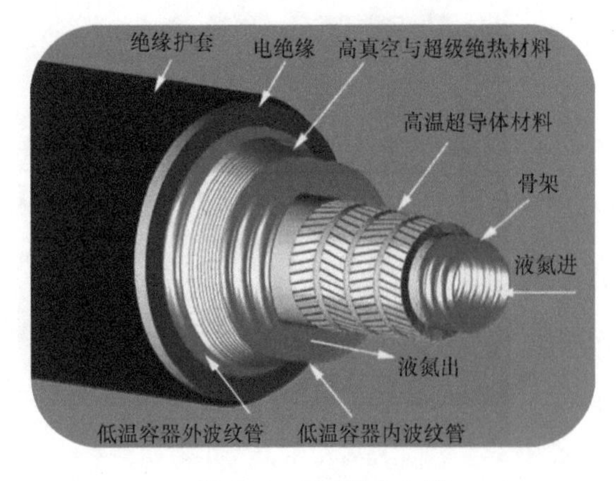

图 8.10　超导输电电缆

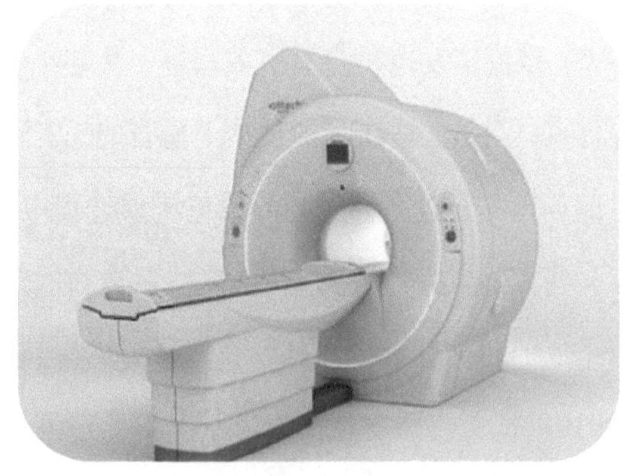

图 8.11　超导核磁共振成像装置

一种原子核的变化分布(主要是氢原子，因为人体内水约占 70%)，得到身体中病变组织的变化。那什么是核磁共振呢？核磁共振是磁矩不为零的原子核，在外磁场超导磁铁产生磁场的作用下自旋能级发生塞曼分裂，共振吸收某一定频率的射频辐射。核磁共振其实属于波谱学，是光谱学的一个分支，其共振频率在射频波段(频率从几 Hz 到 1000MHz，相应的波长为几 km 到 0.3m 左右。它可由各种天线发射出去)，相应的跃迁是核自旋在核塞曼能级上的跃迁。它的基本原理是由射频发射器发射频率射频，磁极产生磁场，再在磁场加一个可变的磁场，如果检测到原子核没有吸收该射频时，接收的能量为一定值；如果检测到原子核吸收了该射频，就会给出一系列的以磁场强度(实际上是以旋磁比)为特征的吸收信号。核磁共振波谱图就是以磁场强度为横坐标，以吸收能量为纵坐标绘出的曲线。它们的不同之处在于：NMR 是个具有超屏蔽性的罐子，所以实验时可以带手机等设备；而 MRI 因为要检查人体，所以不能超屏蔽，那么工作时就不能有磁干扰的设备带入。

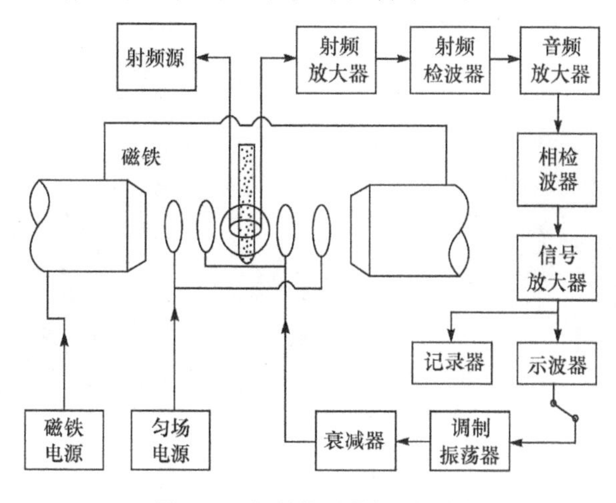

图 8.12　超导核磁共振原理图

超导磁体可以用来育种。因为种子富含蛋白质和有机酶，在强磁场作用下，能够影响种子遗传特性进而影响它的生长。磁场强度和磁场作用时间对种子的影响都比较大。实验研究表明，经过强磁场作用的种子，产量能够提高 5%～10%。

超导磁铁可以应用于国际空间站。阿尔法磁谱仪(Alpha Magnetic Spectrometer)简称 AMS，或称为反物质太空磁谱仪(图 8.13)。AMS 是一个依靠超导材料制成的线圈而构成巨大超导磁铁和六个超高精确度的探测器，用来寻找反物质、暗物质和测量宇宙射线的物理探测仪器。阿尔法磁谱仪是由美国麻省理工学院丁肇中教授构思、发起的，他与其所带领的高能物理团队利用三十多年来粒子加速器所积攒下来的经验，于 2011 年 5 月 16 日把阿尔法磁谱仪推向了太空。经常在科幻电影、动漫中出现的超导电磁炮和超导飞船，虽然都是虚构的，但是从超导磁体这一理论来看或许是可行的。

超导磁体也是高能加速器不可缺少的关键部件，主要用来提供回旋加速器所需要的磁场(图 8.14)。高能加速器用来加速粒子产生人工核反应以研究物质内部结构，是基本粒子物理学研究的主要装备。超导加速器是当前高能和粒子物理领域发展的前沿，超导射频腔已经成为新一代同步辐射光源、高平均功率自由电子激光器、散裂中子源、放射性核束、高能直线对撞机以及加速器驱动能源等当代先进大科学工程中的关键组成部分，在当今基础科学研究领域如生命科学、材料科学、物理、化学、医药和国防科技上都具有重要的应用前景，是射频超导技术在加速器领域中应用的最有成效的成果。

图 8.13　阿尔法磁谱仪

图 8.14　超导加速器

超导限流器利用了超导体的超导—正常态转变的特性，若改变磁场、电流和温度三个参量的任一个，就可以使它从零电阻态转变到有阻状态，快速地达到限流作用(图 8.15)。当电流很大却不足以达到限流值时可以转变为超导态，电流会立即提高很多而达到限流值，以有效预防电力系统故障。超导限流器集检测、触发和限流于一体，反应速度快，正常运行时的损耗很低，能自动复位，克服了常规熔断器只能使用一次的缺点。我国超导限流器已在云南普吉变电站挂网运行，并成功经受了人为短路故障检验。

 超导体弱电应用

超导计算机：元件及连线用超导材料组成的高速计算器(图 8.16)。普通高速计算机由于需要速度快，要求集成电路芯片上的元件和连接线密集排列，这样带来了一个很大的弊端：电路在工作时产生大量的热，而散热是超大规模集成电路最大的难题。超导计算机中的超大规模集成电路及其元件间的连线是用接近零电阻超导器件来制作的，由焦耳定律可知，这样就几乎不存在散热问题了，当然这是超导体零电阻效应的一个应用，同时还可以大大提高计算机的运算速度。也就是应用超导体的约瑟夫森效应来提高灵敏性、精度和稳定性。在理论上，开关动作所需时间只要千亿分之一秒，电力消耗只是大规模集成电路的百分之一。但是，现在这种组件计算机的电路还需要在一定低温下工作，若将来发现了常温超导材料，计算机的整个世界将改变。

图 8.15　超导限流器

图 8.16　我国“天河二号”超级计算机

超导量子干涉仪 SQUID(图 8.17)：被一薄势垒层分开的两块超导体构成一个约瑟夫森隧道结，当含有约瑟夫森隧道结的超导体闭合环路被适当大小的电流偏置后，会呈现一种宏观量子干涉现象，即隧道结两端的电压是该闭合环路环孔中的外磁通量变化的周期性函数，其周期为单个磁通量子 $\Phi_0=2.07\times10^{-15}$Wb，这样的环路就叫做超导量子干涉仪。SQUID 实质是一种将磁通转化为电压的磁通传感器，其基本原理是基于超导约瑟夫森效应和磁通量子化现象，是利用超导量子干涉元件结合电子、机械、低温、真空等技术来测量磁化率的精密仪器。它的这种精密性和灵敏性通常用来做心脏

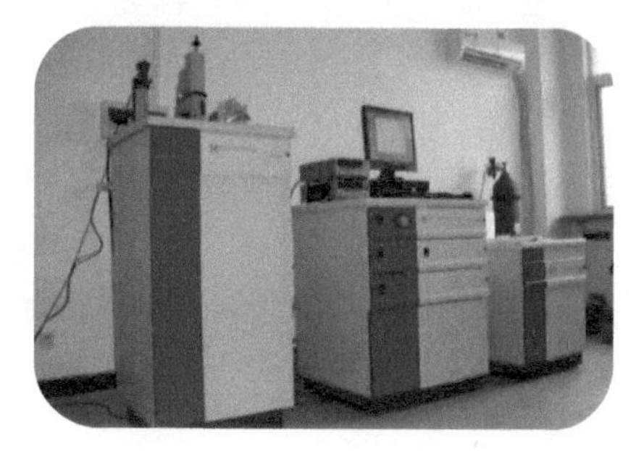

图 8.17　超导量子干涉仪

医疗检查、生物磁测量、无损探伤、大地测量等。

超导体抗磁性应用

磁悬浮系统可分为两种类型(图 8.18)：电磁悬浮系统常导磁吸式和电力悬浮系统超导磁斥式。常导磁吸式(EMS)是依靠在机车上的电磁铁和导轨上的铁磁轨道相互吸引产生悬浮，属吸力悬浮系统，主要应用于德国常导磁悬浮列车系列，我国上海磁悬浮列车就是购买和引用德国的这种常导磁悬浮技术制造而成的。常导磁吸式的工作原理是利用装在车辆两侧的常导电磁铁(悬浮电磁铁)和铺设在线路导轨上的磁铁，通过电磁感应产生吸引力而使列车浮起来。吸引力的大小与车辆和轨面之间的间隙成反比(图 8.18)。为了保证这种悬浮的可靠性和列车运行的平稳，必须精确地控制电磁铁中的电流，使得感应出来的磁场保持稳定的强度进而有稳定的悬浮力。这就要使列车与导轨之间保持大约 10mm 左右的间隙，我们通常用测间隙用的气隙传感器来进行系统的反馈控制。这种悬浮方式的优势在于不需要设计专用的着地支撑装置和辅助的着地车轮，对控制系统的要求也可以稍低一些。

电力悬浮系统超导磁斥式(EDS)：将超导磁铁置于运动的机车上，其与轨道的相对运动会在导轨上发生电磁感应而产生感应电流，由此产生的排斥力支撑列车悬浮(图 8.19)。其实也就是利用了超导材料的抗磁性，由于磁体的磁力线不能穿过超导体，磁体和超导体之间会产生排斥力，这种排斥力使超导体悬浮在磁体上方。这种斥力悬浮系统，主要应用于日本超导磁悬浮列车。超导磁斥式(EDS)的工作原理是在车辆底部安装超导磁体(放在液态氦储存槽内)，在轨道两侧铺设一系列铝环线圈。列车运行时，给车上线圈(超导磁体)通电流，产生强磁场，地上线圈(铝环)与之相切与车辆上超导磁体的磁场方向相反，两个磁场产生排斥力。当排斥

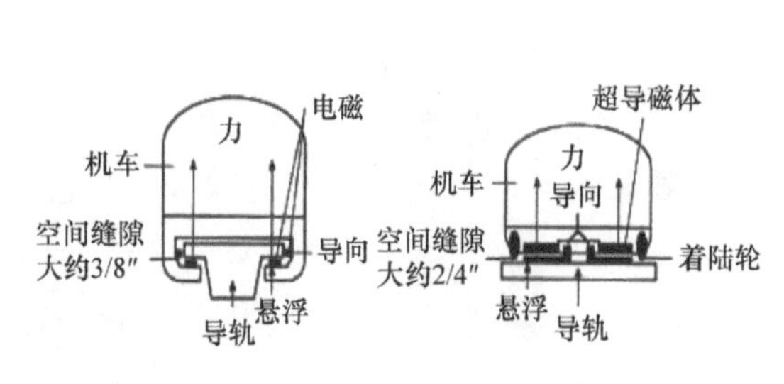

图 8.18　常导磁吸式和超导磁斥式

图 8.19　日本超导磁悬浮列车

力大于车辆重量时，车辆就浮起来。因此，超导磁斥式就是利用置于车辆上的超导磁体与铺设在轨道上的无源线圈之间的相对运动产生的悬浮力将车体抬起来的。由于超导磁体的电阻为零，在运行中几乎不消耗能量，而且磁场强度很大。在超导体和导轨之间产生的强大排斥力，可使车辆浮起。当车辆向下移动时，超导磁体与悬浮线圈的间距减小电流增大，使悬浮力增加，又使车辆自动恢复到原来的悬浮位置。这个间隙与速度的大小有关，一般到100km/h时车体才能悬浮。因此，必须在车辆上装设机械辅助支承装置，如辅助支持轮及相应的弹簧支承，以保证列车安全可靠着地。控制系统也需要能实现启动和停车的精确控制要求。日本的超导磁悬浮列车已经过载人试验，预计2027年进入实用阶段。

推进系统：虽然两种方式的“升力”不同，但是推进过程是基本一致的(图8.20)。列车头的电磁体(N极)被轨道上靠前一点的电磁体(S极)所吸引，同时被轨道上稍后一点的电磁体(N极)所排斥这样就形成一“推”一“拉”的效果。之后列车在前进时，线圈中的电流方向就反过来，即原来的S极变成N极，N极变成S极，这样就形成下一个一“拉”一“推”。之后就形成循环交替，列车就向前奔驰而去了，如图8.21所示的列车就会向左运动起来。对于EDS，当向轨道两侧的驱动绕组提供与车辆速度频率相一致的三相交流电时，就会产生一个移动的电磁场，因而在列车导轨上产生磁波，这时列车上的车载超导磁体就会受到一个与移动磁场同步的推力使列车前进运动。推进过程与电磁悬浮一样，都是通过周期性地变换磁极方向而获取推进动力。

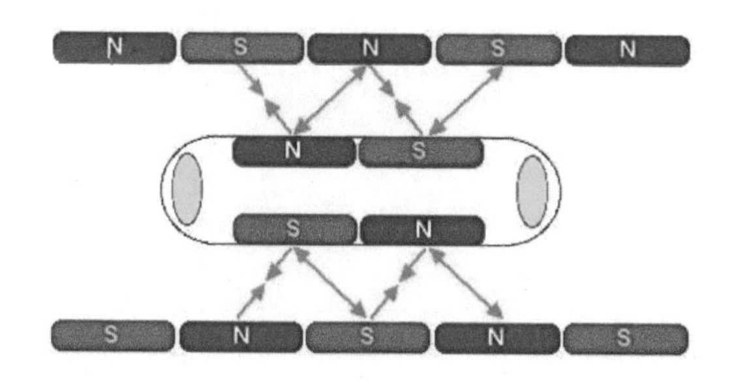

图8.20　磁悬浮列车推进系统

图8.21　高温超导磁悬浮列车

我国于2005年5月14日，由西南交通大学研制的世界上第一台高温超导磁悬浮列车首次在成都市首届科技节公开亮相。我们前面讲到了磁悬浮的低温超导技术，即在列车车轮旁边安装小型超导磁体，在列车向前行驶时，超导磁体由于相对运动在轨道周围产生强大的磁场，和安装在轨道两旁的铝环发生相互作用而产生一种向上浮力，克服了车辆重力，消除了车轮与钢轨的摩擦力，起到加快车速的作用。对于高温超导磁悬浮技术，它是一种利用高温超导材料也就是非理想第二类超导体的磁通钉扎特性，即在横向磁场中因为有磁通钉扎而有电流使列车受到安培力的作用而运动，是不需要主动控制就能实现稳定悬浮的技术。

全超导核聚变实验装置：核聚变是人们长期以来梦想解决能源问题的一个重要方向，其途径是将氘和氚加热后，使原子和弥散的电子成为一种等离子状态，并且在将这种高温等离子体约束在适当空间内的条件下，原子核就能够越过电子的排斥而互相碰撞发生核聚变反应。在这些应用中，科学工程和实验室是超导技术应用的一个重要方面，它包括高能加速器、核聚变装置等。但核聚变反应时，内部温度高达 1 亿～2 亿摄氏度，没有任何常规材料可以包容这些物质。而超导体产生的强磁场可以作为"磁封闭体"，将热核反应堆中的超高温等离子体包围、约束起来，然后慢慢释放，从而使受控核聚变能源成为 21 世纪前景广阔的新能源。

可见，超导技术在诸如电子学技术、能源技术、生物医学技术、交通技术、外层空间等许多方面都有涉及。当然，对于国际来说最具影响力的还是在军事工业中的应用，比如超导扫雷技术、超导射频加速器以及核能的开发与利用。我们在这些技术方面必须有竞争力，才能在充满机遇与挑战的 21 世纪有一席之地。超导还有许多未知的“秘密”等着你们来揭晓。

5　未来超导体的发展

在发展超导技术的过程中，我们逐渐发现提高超导转变温度是非常重要的。科学家们做了许多艰苦探索，基于他们的努力，超导技术的应用才有了新的进展，如掺杂 C_{60}、高温氧化物超导材料、铁基超导材料和 MgB_2 等成为高温技术发展的关键。

C_{60} 超导体

自 1985 年莱斯大学 Smally 小组发现 C_{60} 以来，C_{60} 超导体就得到了非常高的关注和重视。基于 C_{60} 本身的特性，1991 年赫巴德(Hebard)等报道掺杂钾得到 K_3C_{60} 超导材料，临界温度为 18K，之后掺杂诸如 Rb 和 Cs 的临界温度都有所提高。可见 C_{60} 超导体有很大发展潜力，由于它弹性较大，比质地脆硬的氧化物陶瓷易于加工成型，而且它的临界电流、临界磁场都比较大，这些特点使 C_{60} 超导体更有望实用化。因此，C_{60} 被誉为 21 世纪新材料的"明星"(图 8.22)，这种材料已展现了在机械、光、电、磁、化学等多方面的新奇特性和应用前景。

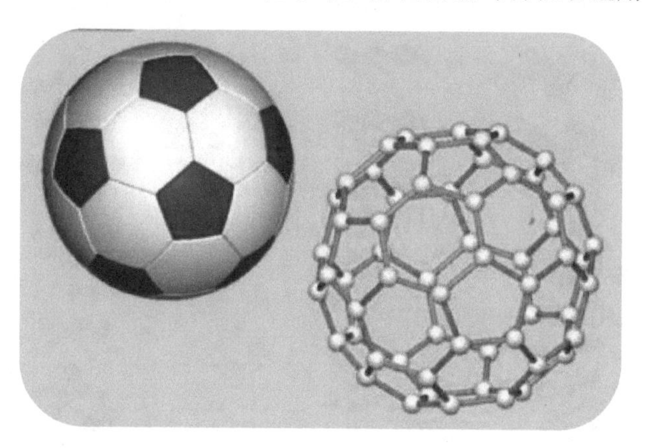

图 8.22　C_{60} 分子结构示意图

铜氧超导体

前面介绍超导的发展时，提到 1986 年缪勒、柏努兹得到钡-镧-铜-氧高温超导体，1987 年年初，朱经武、赵忠贤相继得到钇-钡-铜-氧系高温超导体(图 8.23)。它们都含有铜和氧，因此称为铜氧超导体。之后科学家们一直在氧化物的基础上探索高温超导体。铜氧超导体具有相似的层状结晶结构，这是它们的共性，其中铜氧层是超导层。因此，高温铜氧化物超导体有共性和特殊性两面，它同样存在载流子配对，但配对的方式有两种可能。它的另一个特征是相干长度小，并有明显的各向异性。目前，它主要应用在大规模电力方面，前面介绍了它在我国高温超导磁悬浮和超导电子学方面的应用，如高温超导量子干涉仪(HTS SQUID)。

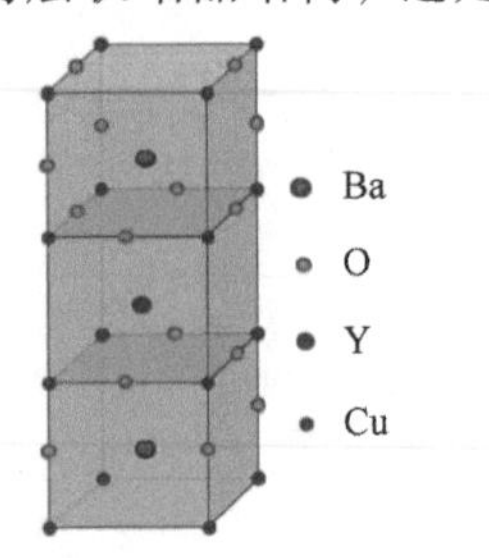

图 8.23　钇-钡-铜-氧系高温超导体

铁基超导体

2006 年，日本科学家细野秀雄(Hideo Hosono)发现掺杂 Fe 的 LaFeOP 超导体有 26K 的临界温度；之后，我国科学家赵忠贤等发现临界温度 55K 的铁基超导体，在铁基超导体的领域首次突破 40K 的麦克米兰极限温度(图 8.24)。因为铁基超导体中的 Fe 离子是磁性离子，打破了磁性离子不利于超导的观点，为探索新的超导体提供了一种思路，并因其对探明高温超导机理有参考价值而受到关注。铁基超导材料在工业、医疗、国防等都具有非常广阔的应用前景，在医疗上的应用如核磁共振成像仪。

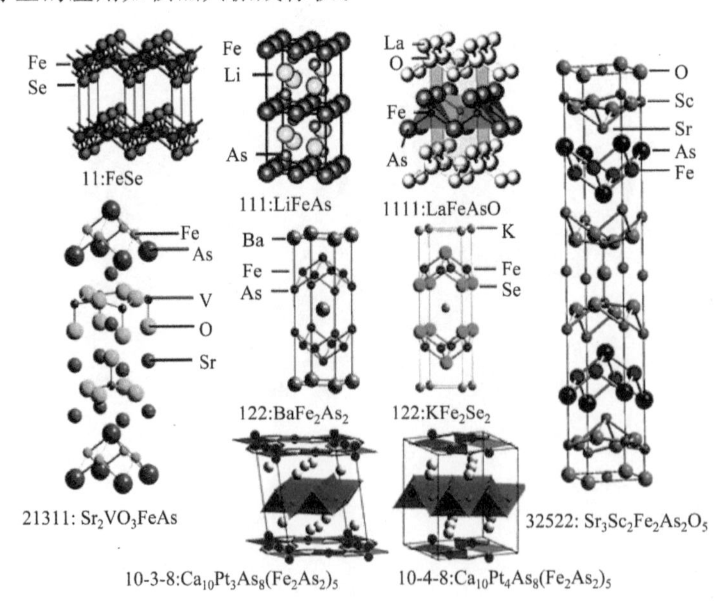

图 8.24　铁基超导分子结构示意图

硼化镁超导体

2001 年 1 月，日本青山学院大学秋光纯(Akimitsu)教授等人首次发现一种很普通的廉价材料——MgB_2(图 8.25)，其临界温度约为 39K，具有超导电性。虽然 MgB_2 的临界温度较低，难以与铜氧超导体、铁基超导体相比，但与一般低温超导金属的 16K 临界温度比较还是有明显优势的，并且它的结构简单、易于制备；原料来源广泛、成本较低；易于加工。

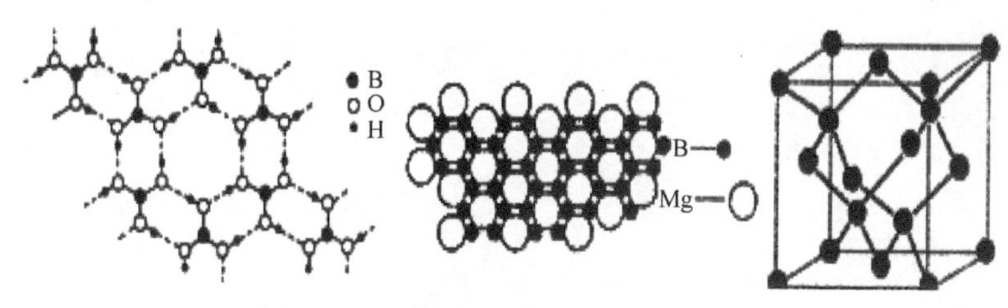

图 8.25　硼化镁超导体分子结构示意图

从前面我们简单介绍可以看出，超导体的应用前景是不可估量的，在国际上有非常大的竞争力和发展前景。但是必须要在低温的限制下才能有这些性质和应用，可以说“成也萧何败也萧何”，低温既是关键也是困境，所以它对技术和温度等的一些要求非常高。如超导材料权威马赛厄斯(Matthias)所说：“如果能在常温下，例如 300K 左右实现超导电性，那么现代文明的一切技术将发生变化。”可以说谁能做成在常温下适用的超导体，谁就将成为这个世界未来的主宰。

参考文献

《无处不在的磁场》编写组. 无处不在的磁场[M]. 广州：广东世界图书出版公司，2010.
菊地正典. 图解电的基础知识入门[M]. 张丹，余洋，余长江，译. 北京：机械工业出版社，2017.
章立源. 超导理论[M]. 北京：科学出版社，2003.
章立源. 超越自由：神奇的超导体（修订版）[M]. 北京：科学出版社，2016.
赵凯华，陈熙谋. 电磁学[M]. 4 版.北京：高等教育出版社，2018.

第九章 从黑白到“彩色”——彩超中的多普勒效应

- 从《生活大爆炸》说起
- 发现多普勒效应
- 超声诊断仪与多普勒效应
- 彩超与多普勒效应

每一个新生命的诞生都伴随着喜悦、欢乐与希望，我们睁开眼的第一刻看到的人也许是爸爸妈妈，也许是爷爷奶奶、叔叔阿姨，但不论是谁，我们都不会想到他们早在几个月前就与我们见面了，如此神奇，我们究竟是如何被他们发现的呢？

1 从《生活大爆炸》说起

你知道吗?

在美剧《生活大爆炸》一集中有这样一个片段，一位名叫 Sheldon 的科学奇才穿着如图 9.1 所示的斑马服出现在邻家朋友举办的化装舞会的现场(图 9.2)，在场的普通人只能想到模仿历史、电影或文学人物，而他偏要装扮成一种“效应”。当 Sheldon 身着这身服装出场时，室友兼同事 Leonard 立即明白过来他是在装扮这种“效应”，但是要让舞会上的其他人也明白就没那么容易了。不知道你有没有猜到这样一位穿着似斑马服的“怪咖”要向我们展示什么科学道理呢?

图 9.1　装扮成某种“效应”的 Sheldon

图 9.2　舞会现场

生活中我们都有这样的体会，当你将手放在喉结处，说话时会明显感到喉结的振动，这是由于人发声时声带在振动。我们知道音调由频率决定，频率越高音调越高，频率越低音调越低。

再有，你是否有过这样的体验：当你停在某地不动，一辆汽车从远处鸣笛并从你身边飞驰而过，汽车鸣笛的音调会发生变化。当汽车靠近时，音调变高；当汽车远离时，音调变低。假设汽车鸣笛声在运动的过程中没有发生变化，那么是我们的耳朵出了问题，还是这背后隐藏着什么奥秘?

其实，这类似图中 Sheldon 穿着的衣服上的竖条纹分布情况的效应，音调变高或变低的现象是可以用“多普勒效应”进行解释的。

科学家画廊

“多普勒效应”是由奥地利数学家、物理学家克里斯琴 · 多普勒(Christian Doppler，图 9.3)提出的。多普勒出生于奥地利萨尔茨堡。克里斯琴 · 多普勒家族并非科学世家，他们家族经营石匠生意，按照家族的传统多普勒理所当然成了生意的接班人，但是多普勒从小体弱多病，这使得他免于承担生意的重任。他曾先后在维也纳工学院和维也纳大学学习，1841 年成为布拉格理工学院的数学教授。著名的多普勒效应首次出现在 1842 年发表的一篇论文上。

图 9.3 克里斯琴 · 多普勒

多普勒是一位严谨的老师。他曾经被学生投诉考试过于严厉而被学校调查。繁重的教务和沉重的压力使多普勒的健康每况愈下，但他的科学成就使他闻名于世。

2　发现多普勒效应

华罗庚说：“科学的灵感，绝不是坐等可以等来的。如果说，科学上的发现有什么偶然的机遇的话，那么这种‘偶然的机遇’只能给那些学有素养的人，给那些善于独立思考的人，给那些具有锲而不舍的精神的人，而不会给懒汉。”

关于多普勒效应

多普勒效应却也是一个偶然的发现。据说 1842 年的一天，多普勒正路过铁路交叉处，恰逢一列火车从他身旁飞驰而过，他发现火车从远至近时汽笛声变强，音调变高，而火车从近至远时汽笛声变弱，音调变低。这一平常的现象引起了多普勒的注意，他以敏锐的洞察力潜心研究多年，得出了多普勒效应。多普勒效应指出，在运动的波源前面，波被压缩，波长变得较短，频率变得较高；在运动的波源后面，波长变得较长，频率变得较低。

如何理解“波被压缩”或“波被拉伸”并不是一件很容易的事，让我们通过生活中最容易想象的情形来描述它(图 9.4)。当你原地不动地掷一块石头，它落在离你 10 米开外的地方；假如你以同样的力气掷同样的石头后追着石头跑，石头落地时，你与它的距离就不到 10 米了。反之，你掷了石头后背着石头跑，石头落地时，你们之间的距离就会超过 10 米。这就相当于运动的波源压缩或拉伸了波长。

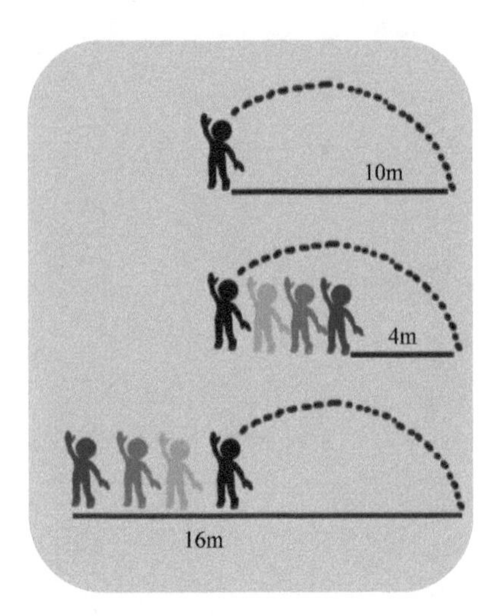

图 9.4　人以不同情况掷石头

那么多普勒效应到底应如何解释呢？假设原有波源的波长为 λ，声源速度为 v，声源运动的速度为 v_S，观察者运动的速度为 v_B。声源完成一次全振动，向外发出一个波长的波，频率表示单位时间内完成的全振动的次数，因此波源的频率等于单位时间内波源发出的完全波的个数，而观察者听到的声音的音调，是由观察者接收到的频率，即单位时间接收到的完全波的个数决定的。下面我们以两种情景来分析。

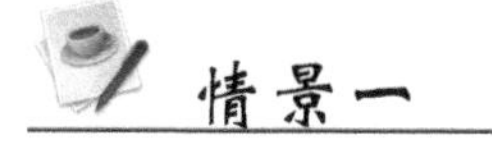

情景一

当观察者不动，声源以速度 v_S 相对于介质运动。即 $v_B=0$，$v_S \neq 0$，这时 $v_S>0$。假定 $v_S<v$，因为声速仅决定于介质的性质，与声源的运动无关。所以在一个周期 T 内声源在 S 点发出的振动向前传播的距离等于波长 λ。如声源不动，则波形如图 9.5 中实线所示；若声源运动，则在一个周期时间内声源在波的传播方向上通过一段路程而到达 S'点，波形如图 9.5 中虚线所示。由于波源做匀速运动，所以波形无畸弯，只是波长变小，其值为 $\lambda' = vT - v_S T$ 。如图 9.6 所示，我们也可以清晰地看出，若观察者不动，救护车靠近右边静止的人时，救护车发出的声波前面波长被压缩，波长减小。根据波长、频率公式，由于接收者接收的速度就是声源速度，而波长变小，所以声源靠近时频率变大；反过来当声源远离观察者时，波长变长，频率变小。

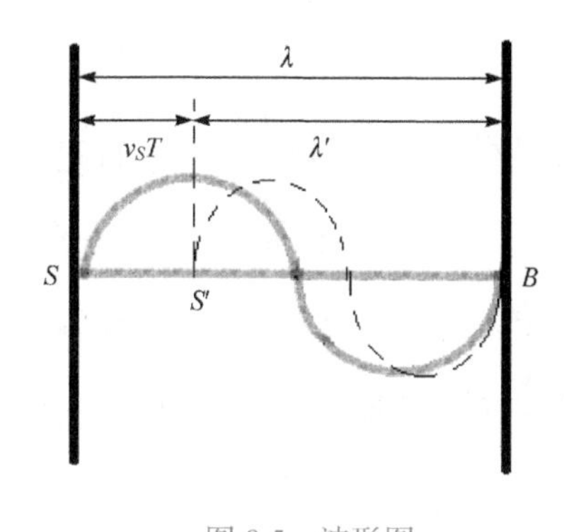

图 9.5 波形图

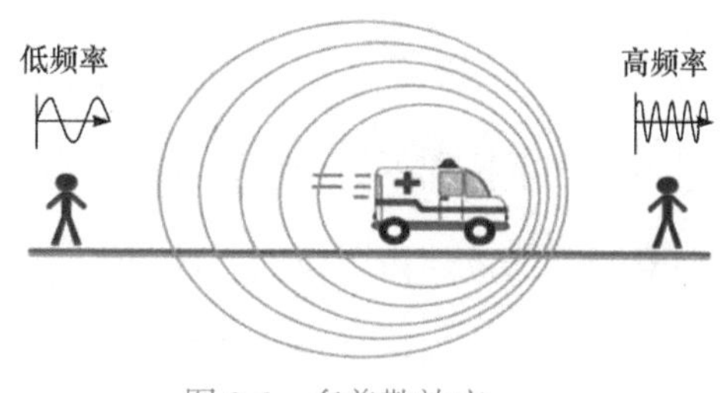

图 9.6 多普勒效应

情景二

当声源不动，观察者以速度 v_B 相对于介质运动时，此时的观察者不是停在原地等待一个个波来“冲击”，而是迎上去接收更多的波，那么观察者接收到的声波频率增加，因此当观察者靠近声源时，感觉声音的音调变高。反之，当观察者背着静止的声源运动时，所接收的声波频率低于声源频率，故声音的音调变低。

因此，不论声源运动还是观察者运动，只要声源与观察者间有相对运动时，观察者接收到的频率就会改变。如果两者相互接近，在单位时间内，观察者接收到的完全波的个数增多，即观察者接收到的频率增大；同样的道理，当观察者远离波源，观察者在单位时间内接收到的完全波的个数减少，即接收到的频率减小。

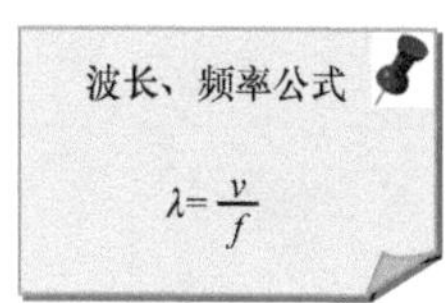

3 超声诊断仪与多普勒效应

声波的多普勒效应在医学方面有突出的应用，如医学上“D 超”，就是利用超声波的多普勒效应检查人体的内脏、血管和血液的流速、流量等情况。超声波在医学中的应用主要有超声诊断、超声治疗和生物组织超声特性研究等三个方面，其中，超声诊断发展很快，下面简要介绍医学上常用的超声诊断仪及其工作原理。

A 型超声

人体结构对超声而言是一个复杂的介质，各种器官与组织，包括病理组织有它特定的声阻抗和衰减特性，因而构成声阻抗上的差别和衰减上的差异。超声射入体内，由表面到深部，将经过不同声阻抗和不同衰减特性的器官与组织，从而产生不同的反射与衰减。这种不同的反射与衰减是构成超声图像的基础。将接收到的回声，根据回声强弱，用明暗不同的光点依次显示在影屏上，则可显出人体的断面超声图像。

A 型超声是最基本的超声显示方式，体内两介质的声阻抗特性相差越大，则反射越强。A 型超声诊断仪仅能提供体内器官的一维信息，而不能显示整个器官的形状，目前在临床上只起到定位作用，如利用 A 超进行泪腺检查，如图 9.7 所示，探头直接置于泪腺皮肤表面进行泪腺检查。

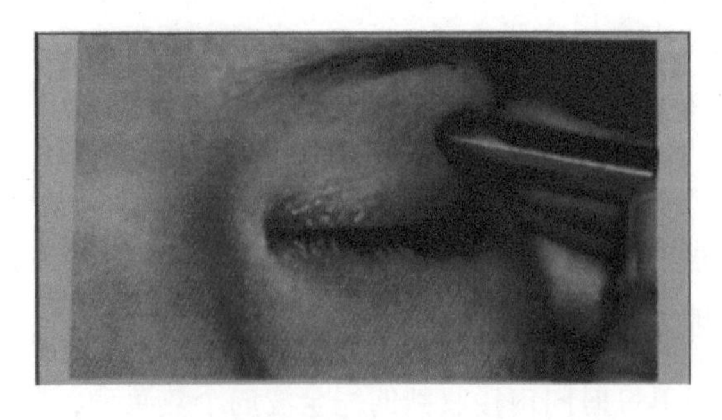

图 9.7　A 超泪腺检查

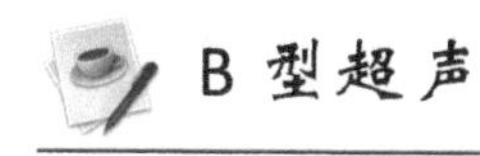

B 型超声

B 型超声诊断仪(简称 B 超)在目前超声诊断中应用最广。它利用二维超声显像法，将回声信号以光点的形式显示出来，不同深度上的回波对应图像上的一个个光点。

B 超成像的基本原理就是：向人体发射一组超声波，按一定的方向进行扫描，根据监测其回声的延迟时间、强弱就可以判断脏器的距离及性质，经过电子电路和计算机的处理，形成了 B 超图像。在探头沿水平位置移动时，显示屏上的光点也沿水平方向同步移动，将光点轨迹连成超声声束所扫描的切面图，为二维成像。通过它可以得到脏器或病变的二维断层图像，并可以进行实时的动态观察(图 9.8)。

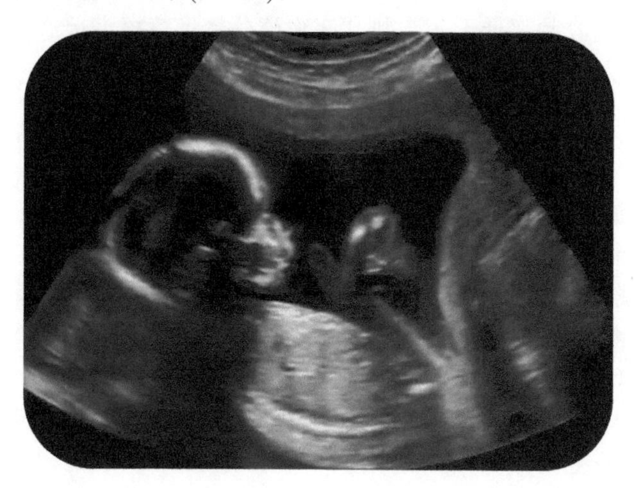

图 9.8　B 超检查

D 型超声

D 型超声全名为超声多普勒血流测量技术。它是利用多普勒效应研究和应用超声波由运动物体反射或散射，从而获得心脏、血管、血流及心率等信息的一种技术。血流测量的最终目的是要获得血液流速的大小、方向、流速谱等指标，这些统称为数据的采集与处理。多普勒血流信号的采集和处理包括血流方向的提取和血流速度的测量。

多普勒效应指出，当波源与观察者有相对运动时，观察者感觉到频率发生变化。因此，将多普勒效应造成的发射和接收的频率之差称为多普勒频移，即 $f_D = f - f_0$，当使用同一个探头发射和接收信号时，多普勒频移变为

$$f_D = \frac{2v\cos\varphi}{c} f_0$$

由公式可知，只要测出多普勒频移即可计算出血流速度 v，但是由于超声波在线度很小的血细胞上并不能形成明显的反射，而是散射，在血细胞上的散射回波中有频移信号；又由于血管中运动的血细胞很多，且速度并不相同。所以，探头上获得的是各种频率的散射回波信号的叠加信号。因此，若要获得真正的血流速度、血流量还需要利用其他技术，如频谱分析技术等。

血流方向信息的提取建立在滤波的基础之上。由多普勒效应可知，频率信号本身就携带方向信息。如果获得高于发射频率 f_0 的信号，多普勒频移为正，就意味着血流分量朝向探头运动；反之，如果接收频率低于 f_0，则代表血流分量远离探头运动。

工 具 箱

医用超声波仪器构成：超声设备主要由超声换能器即探头和发射与接收、显示与记录以及电源等部分组成。

探头：是超声诊断仪必不可少的关键部位，核心是压电晶体或复合压电材料。它既能将电信号转换为超声信号，又能将超声信号变换为电信号，即具有超声发射和接收双重功能。

超声波：人类耳朵能听到的声波频率为20～20000Hz。因此，将频率高于20000Hz的声波称为“超声波”。通常用于医学诊断的超声波频率为1～30MHz。

4　彩超与多普勒效应

彩色多普勒血流显像仪简称彩超，简单地说彩超就是高清晰度的黑白 B 超再加上彩色多普勒。彩超并不是看到了人体组织的真正颜色，而是在黑白 B 超图像基础上加以多普勒效应原理为基础的伪彩而形成的。之所以被称为彩超，是因为会用彩色标注心脏、血流等指标。彩超的分辨率会比一般黑白 B 超高一些，其显示血流的颜色效果也会比较好。

原理

现代医用超声结合多普勒原理，当超声波碰到流向远离探头液体时回声频率会降低，流向探头的液体会使探头接收的回声信号频率升高。利用计算机伪彩技术进行数据处理，使我们能判定超声图像中流动液体的方向及流速的大小和性质，并将此叠加在二维黑白超声图像上，形成了彩超图像。

所谓伪彩色，是指用彩色显像的三个基色：红(R)、蓝(B)、绿(G)，分别表示流向探头的正向血液流速(R)、离开探头的负向血液流速(B)和方向复杂多变的湍流(G)。血流速度越大彩色越明亮，速度缓慢者彩色较暗淡，故由血流状态声像图色彩、明亮程度即可了解血流的状况。

彩超用高速相控阵扫描探头进行平面扫查，将探头接收的信号分为两路：一路经放大处理后按回波强弱形成二维黑白解剖结构图像，即 B 型图像；另一路对扫描全程做多点取样，进行多普勒频移检测，把获得的血流速度信号经自相关技术处理，并用伪彩色编码法，显示出血流状态声像图。血流图像是叠加在 B 型图像上的，B 型图像以黑白显示，血流必须以伪彩色显示才能与脏器区分开。

彩色多普勒血流显像仪是诊断心脏病的先进工具之一。它既能观察心脏解剖部位、心室形态大小，又能观测内部血流的状态，如平均速度和血流量等多种指标(图 9.9)。

彩超既具有二维超声结构图像的优点，又同时提供了血流动力学的丰富信息，在临床上被誉为“非创伤性血管造影”。彩超可以快速直观显示血流的二维平面分布状态，可显示血流的运行方向，有利于识别血管疾病和非血管病变等。正是由于彩超有诸多优点，所以在医学界受到高度重视和普遍欢迎。

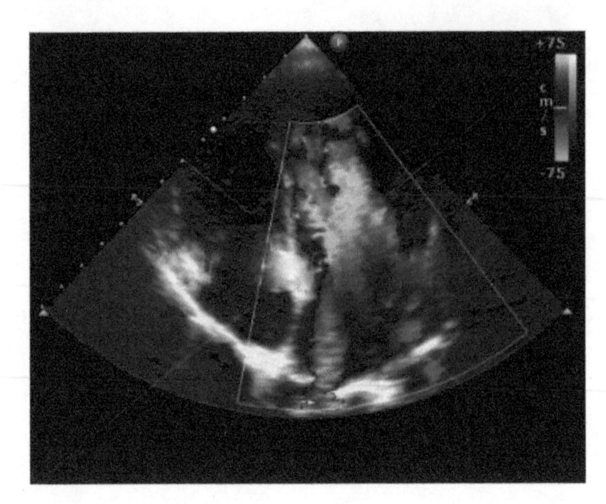

图 9.9　彩超检查

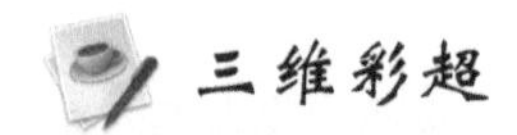

三维彩超

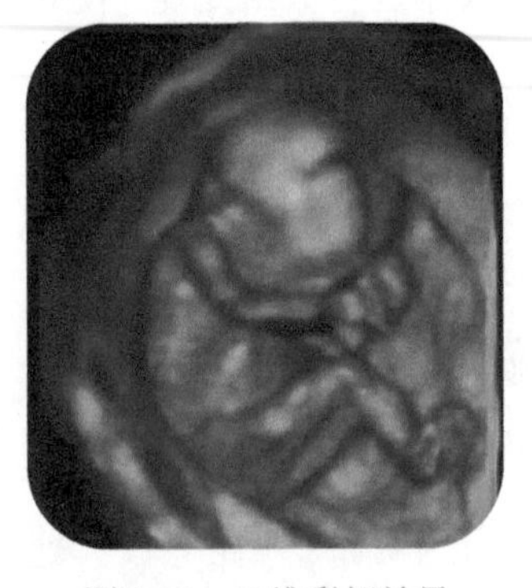

图 9.10　三维彩超效果

三维彩超是立体动态显示的彩色多普勒超声诊断仪。在二维超声的基础上，计算机对一系列二维图进行处理及重建，从而形成三维图像，也称静态三维超声成像。三维彩超实现了人体局部组织器官的立体成像，可用于腹部及小器官的容积扫描，准确测量局部组织器官。例如通过检查胎儿颈背部皮肤及测量皮下组织的厚度，可以在母体怀孕 9～13 周期间发现胎儿是否存在遗传性(染色体)畸形。三维彩超突出的特点是可拍摄到不同孕周的胎儿在宫内生长发育的局部立体图像(图 9.10)，从三维画面中可清晰地看到宫内沉睡胎儿的右耳和小拳头以及面部生动鲜明的表情。

四维彩超

四维彩超的全称为四维彩色超声诊断仪，所谓“4D”，即在三维彩超的基础上增加了时间维度参数，这一突破超越了传统超声的限制。4D 彩超是目前较先进的彩色超声设备，最先由韩国麦迪逊公司率先研发并开始推广使用。其领先的科技性，检查时能够表面成像，能够显示出胎儿的实时动态图像，或者人体内脏器官的实时动态图像。由于四维彩超能够表面成像，胎儿的腭裂、四肢发育畸形、脊柱裂、腹壁裂等先天畸形能更清晰地看出来。检查胎儿的发育情况，筛查先天疾病，这是最主要的。四维彩超的诊断资料有利于医生检测出各种异常，对于胎儿的成长发育做出准确的判断。临床广泛应用的 B 超或彩超虽然能够判断胎儿发育是否正常，但只有专业医生看得懂。四维彩色超声诊断仪能自动为胎儿进行宫内拍“写真”和进行动态录像，为众多的准妈妈们增添无数安心和情趣。

其实多普勒效应不仅仅适用于声波，它也适用于其他类型的波，包括电磁波。科学家爱德文 · 哈勃(Edwin Hubble)使用多普勒效应得出宇宙正在膨胀的结论。他发现远离银河系的天体发射的光线频率变低，即移向光谱的红端，称为红移，这说明这些天体在远离银河系。

在技术上，多普勒效应可用于测量运动物体的视线速度，如测飞机接近雷达的速度、汽车的行驶速度、人造地球卫星的跟踪以及流体的流速等。

科学家画廊

爱德文 · 鲍威尔 · 哈勃，美国著名的天文学家，出生于密苏里州一个保险从业员的家庭。

曾在芝加哥大学修读数学及天文学，1910 年取得理学士学位，而后于英国牛津大学修读法律硕士学位。第一次世界大战爆发后，他回到芝加哥大学攻读博士学位，于叶凯士天文台研究天文，1917 年毕业。哈勃证实了银河系外其他星系的存在，并发现了大多数星系都存在红移的现象，建立了哈勃定律，这是宇宙膨胀的有力证据。哈勃是公认的星系天文学创始人和观测宇宙学的开拓者，并被天文学界尊称为“星系天文学之父”。

哈勃

为纪念哈勃的贡献，“小行星 2069”、月球上的“哈勃”环形山以及“哈勃”太空望远镜均以他的名字来命名。

参考文献

吉强，王晨光. 医用物理学[M]. 北京：科学出版社，2017.
计晶晶，陈霞. 医用物理学[M]. 北京：高等教育出版社，2016.

第十章
人类最后的仓廪
——可再生能源

- 生生不息的太阳能
- 英姿飒飒的风能
- 变幻莫测的潮汐能
- 枯木发荣的生物质能
- 深藏不露的地热能
- 极致洁净的氢能

随着工业革命以后数百年的开发与利用，即使储量很大的化石能源也面临着枯竭，这也导致了污染排放的问题。这时，适应未来发展的可再生能源就登上了历史舞台。

1 生生不息的太阳能

由于能源非常有限并且分布不均匀，造成世界上大部分国家能源供应不足，已经不能够满足一些国家经济发展的需要。据悉几十年后石油资源有可能会开采殆尽，即使储量丰富的煤炭资源也只能维持几百年。因此，如不尽早设法解决替代化石能源的危机，人类迟早将面临化石燃料枯竭、无能源可用的局面。能源可大致分为两类：可再生能源和不可再生能源。不可再生能源是指有限的资源，是难以恢复或补充的能源。可再生能源是指在较短的时间内，通过地球的自然循环可以再生的能源。所以在不可再生能源消耗殆尽之前，我们应该设法开发、利用可再生能源以解决能源危机。现在主要介绍太阳能、风能、潮汐能、生物质能、地热能、氢能这六种可再生能源。

图 10.1 太阳

太阳是一个炽热气态球体(图 10.1)，其内部一直进行着氢聚合成氦的核聚变反应。我们知道核聚变能放出巨大的能量，那么太阳能究竟有多大呢？太阳每秒钟照射到地球上的能量相当于 500 万吨煤的能量！太阳能资源总量相当于现在人类所利用的能源的一万多倍，因此太阳能可以说是取之不尽，用之不竭的。广义来说地球上的水能、风能、海洋能、温差能和生物质能以及部分潮汐能都是来源于太阳，即使是地球上的化石燃料如煤、石油、天然气等，从根本上说也是自远古贮存下来的太阳能，而狭义的太阳能则限于太阳的辐射能。

太阳能的利用主要包括太阳能的热利用和太阳能的光利用两方面。太阳能的利用和转化有多种方式，现在我们主要来了解光热转换和光电转换。

太阳能的热利用

光热转换即利用太阳辐射产生热能，主要应用是太阳能热水器(图 10.2)。从 1891 年美国发明了世界上第一台太阳能热水器，距今已经有 100 多年的历史。1945 年出现了第二代太阳能热水器——平板集热器，1975 年美国一家公司推出了第三代太阳能热水器——全玻璃真空管太阳能热水器。太阳能热水器一般由集热器、贮热装置、循环管路和辅助装置组成。

图 10.2　太阳能热水器

集热器就是吸收太阳辐射并向载热工质传递热量的装置，它是热水器的关键部件。因为阳光是由不同波长的可见光和不可见光组成，不同物质和不同颜色对不同波长的光的吸收和反射能力是不一样的，而黑色吸收阳光的能力最强，因此常用黑颜色聚热。集热器按体内是否有真空又分为平板集热器、真空管集热器。平板集热器由吸热板、涂层、透明盖层、隔热保温层和外壳构成(图 10.3)，这些材料必须用玻璃棉或反光薄膜与吸热体隔开使用。太阳辐射穿过透明盖板后水吸热升温，但在温度升高的过程中会因传导、对流和辐射等散失热能。平板型集热器因结构简单、成本低廉、吸热面积大且安装方便等优点得到了广泛的应用。

图 10.3　平板集热器

真空管太阳集热器是在平板型太阳集热器的基础上发展的一种新型太阳能集热装置，它的种类有很多，按吸热材料种类可以分为玻璃吸热体真空集热管(或称为全玻璃真空管)和金属吸热体真空管(或称为玻璃-金属真空管)。全玻璃真空集热管(图 10.4)由两根同心圆玻璃管组成，内外圆管间抽成真空，可减少气体的对流与传导热损。在内管的外表面的选择性吸收涂层构成吸热体，可以降低真空集热管的辐射热损。其实它像一个拉长变细的暖水瓶胆。真空管太阳集热器可以在中高温领域地区运行，也能在寒冷地区的冬季与天气多变的地区运行。总之，真空玻璃管具有隔热性、防霜性、抗风压性、超级组合性和单向导热性。全玻璃真空管对可见光吸收率更高，因此，一年四季都能运行，并且它的使用寿命有十几年。热管式真空管是金属吸热体真空管的一种，主要由热管、吸热体、玻璃管和金属端盖等组成。它综合了真空技术、热管技术、玻璃-金属封接技术等使其能全年运行，并且能使太阳能利用进入中高温领域。其中，热管(简称 HP)是一种高效传热元件，是集热器集热和传热元件，一个很小面积的热管就可以传递大量的热量。在热管下方往往有凹凸曲面的铝合金板，使阳光尽量聚焦在水管内。热管中也含抗冻材料，在–30～–20℃的环境温度下也不会冻裂。

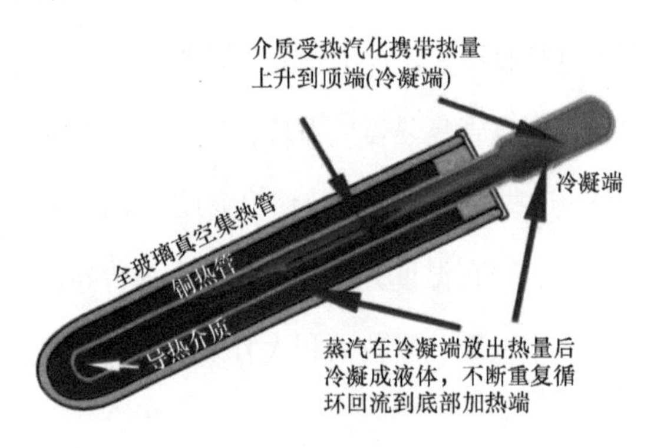

图 10.4　全玻璃真空集热管

贮热装置是贮存热水以减少向周围散热的装置，它与保温材料的性能、种类、厚度及密度，装置的结构及固定连接方式有关。目前太阳能热水器大多用聚氨酯保温材料。其厚度在 4～5cm 左右时保温性能就已经很好了。循环管路把集热器和输入装置联通，这样就可以形成一个完整的加热系统。循环管路设计施工非常重要，因为它的正确与否，往往决定着整个热水器系统能否正常运行。一些热水系统水温偏低，往往是由于管道走向和连接方式不正确。辅助装置包括用以支撑和连接集热器、蓄热水箱和循环连接管的支架及其辅助零件等。这些都是太阳能热水器不可少的组件。

现在我们来了解一下太阳能热水器水循环原理。当太阳照射到集热器时，集热器板上水管中的水被加热而发生汽化，产生“水往高处流”的现象，也就是产生所谓的“热虹吸”现象。水箱安装在顶部便于水的对流。系统中水流的自然循环运动完全是依靠自身各部位温度的不同，只要有太阳照射，就能实现这种循环。总的来说，水在集热器蒸发端受热汽化，由集热器底部上升至顶部的冷凝端，再经上循环管流入保温水箱，水箱下部的冷水由下循环管流入集热器底部。如此循环，使整个水箱中水温升高(图 10.5)。

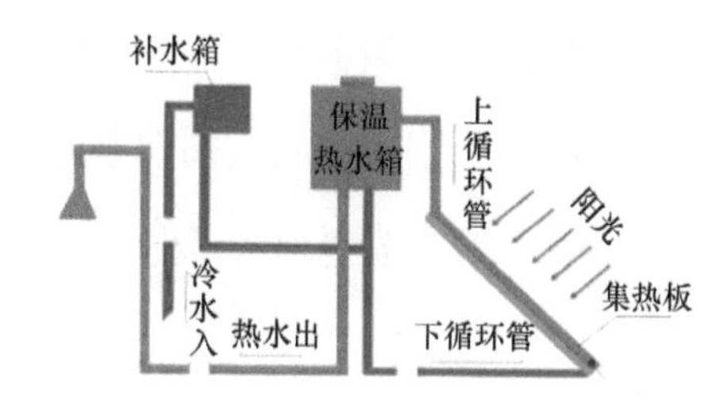

图 10.5 太阳能水循环简图

 太阳能的光利用

太阳能的光电转换即将太阳的光能转换为电能。主要利用是太阳能电池。1839 年，法国科学家贝克勒尔(Antoine Henri Becquerel)发现光照能使半导体材料不同部位之间产生电势差，即现在所称的“光伏效应”(图 10.6)。1954 年，美国贝尔实验室培生(Pearson)等 3 位科学家首先制成了单晶硅太阳能电池。太阳能电池是根据光伏效应设计的，首先要有能产生光伏效应的材料，如单晶硅、多晶硅、非晶硅、砷化镓、硒铟铜等。我们就以半导体材料单晶硅为例，这种半导体称为本征半导体，硅的最外层电子为 4，如果在硅晶体中掺入少量的 5 价杂质元素，如磷、锑、砷等，原来晶体中的某些硅原子将被杂质原子代替。杂质原子最外层有 5 个电子，其中 4 个与硅构成共价键，多余 1 个电子，室温下即可成为自由电子。与硅的外层电子配对后，自由电子数目大于空穴数目形成 N 型半导体。同理，若在硅或锗的晶体中掺入少量的 3 价杂质元素，如硼、镓、铟等，只有 3 个与硅构成共价键，硅原子外层就会形成一个空穴。自由电子数目小于空穴数目而形成 P 型半导体(图 10.7)。掺入的杂质越多，自由电子或空穴的浓度就越高，导电性能就越强。空穴主要由杂质原子提供，自由电子由热激发形成。这样，如果在一块半导体单晶硅一侧掺杂构成 P 型半导体，另一侧掺杂构成 N 型半导体，两个区域的交界处就形成了一个特殊的薄层——PN 结。当光照在半导体上，由爱因斯坦的光电效应可知半导体中的低能电子吸收光能跃迁，在半导体内形成高能电子流。同

理，当太阳光照在半导体 PN 结上，形成新的空穴-电子对，空穴由 P 区流向 N 区，电子由 N 区流向 P 区，形成电流。这种靠 PN 结的光伏效应产生电动势的单晶硅太阳能电池转换效率较高，例如，单片单晶硅太阳电池在强太阳光照射时，可产生 0.6V 左右的电动势，5cm^2 的太阳电池可获得几十毫安至一百毫安左右的电流。现在太阳能电池已经用于人造卫星、灯塔等的电源，并得到进一步的发展。单晶硅太阳电池的缺点是造价较高。这时，大面积非晶态硅薄膜半导体制造的太阳能电池就显示出它的优势，因为它制造简单、耗能低、使用材料少。由于太阳能发电的诸多优势，在不久的将来太阳能光伏发电将成为世界能源供应的主体之一。

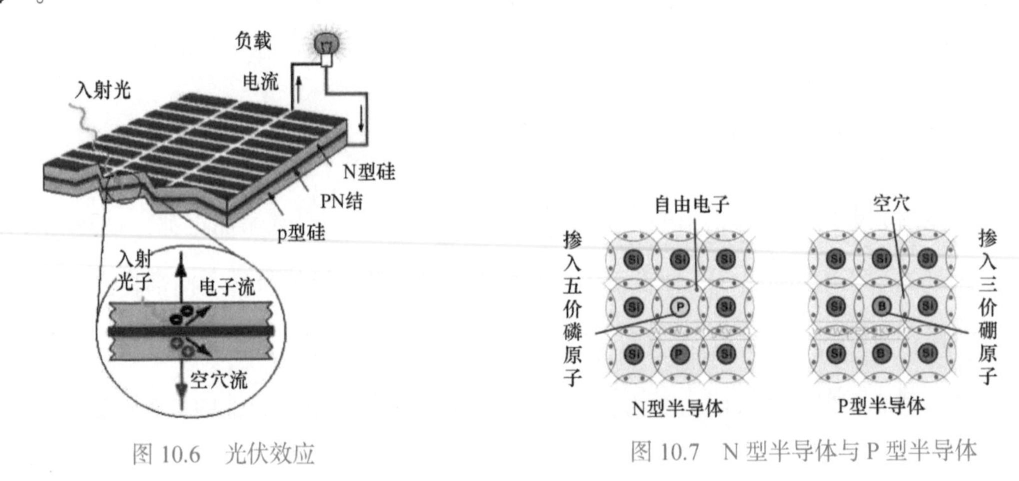

图 10.6　光伏效应

图 10.7　N 型半导体与 P 型半导体

2　英姿飒飒的风能

虽然风是我们最熟悉的自然现象，但它的形成过程其实是相当复杂的。由于地球自转轴与围绕太阳的公转轴之间存在一个 66.5°的夹角，因而太阳照射到地球表面时地球上各处太阳的照射角是不同的。即使对同一地点，照射角每天也在发生变化，使地球表面各处受热不同。地球南北极接受太阳光照最少，温度低，空气密度大，气压高。地球赤道地区受到的太阳光照最多，吸收的太阳能要比两极地区多得多，温度高，空气密度小，气压低。这样一来，较重的冷空气就由两极沿地面下沉移向赤道，而较轻的热空气则在赤道附近上升移向两极，去填补下沉的冷空气。此后，进入赤道地区的冷空气又被加热上升，流入两极地区的热空气又受冷下沉。这样周而复始，形成半球形的空气环流——风。由于使空气产生温差的原因有所不同，也就产生不同类型的风，如季风、海陆风、山谷风、城市风。风的形成除与各地区的太阳照射角、地球自转、地区的地形地貌等有关外，还与季节变化和高度变化等有关。总的来说，空气流动所形成的动能就是风能，风能是太阳能的一种转化形式。

风能的利用主要是以风能作动力和风力发电两种形式，其中又以风力发电为主。以风能作动力，就是利用风来直接带动各种机械装置，如风车(图 10.8)等。这种风力发动机的优点是：投资少、工效高、经济耐用。风力发电依靠风力机将风能转换为电能。风力吹动风轮旋转，并通过变速齿轮箱将风力机轴上的低速旋转转变为发电机所需的高转速，带动发电机轴旋转使之切割磁感线以发电(图 10.9)。为增加风力发电功率，往往把很多风车建在一起形成“风车田”。风力发电始于丹麦，其政府在 1890 年就制定了一项风力发电计划，随后建成了世界首座风力发电站。1931 年，苏联成功地制造了一台水平轴风力发电机组，是当时全球功率最大的一台。1941 年美国试制了一台风力发电机组，但限于当时的技术水平，运行不稳定，经济性能不高，运行近 4 年后因大风吹断叶片而停止运转。第二次世界大战后，经济复苏，能源不足，促使一些工业发达国家去研制中型及大型风力发电组。丹麦、德国、法国等国家均制成不同千瓦级功能的风力发电机。在廉价石油和矿物燃料发电机组的冲击下，这些试验性风力发电机组均中止了运行，但目前能源仍然紧缺，相信风能也会在不久后被重新利用。我国风力资源丰富的新疆等地已经在大规模利用风力发电。

图 10.8　风车

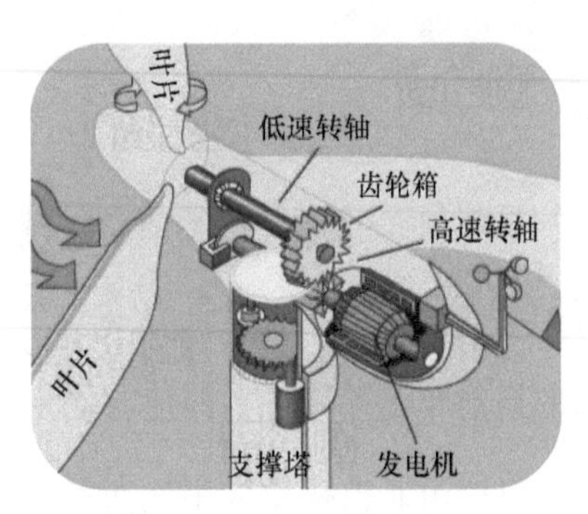

图 10.9　风力发电原理

3　变幻莫测的潮汐能

潮汐的形成

潮汐(图 10.10)是沿海地区的一种自然现象，指海水在天体(主要是月球和太阳)引潮力作用下产生的周期性运动，习惯上把海面垂直方向涨落称为潮汐，而海水在水平方向的流动称为潮流。一般每日涨落两次，称为正规半日潮，也有涨落一次的。在潮汐升降的一周中，海面升到最高位置时称为高潮，降到最低时称为低潮。我们的祖先为了表示生潮的时刻，把发生在早晨的高潮叫潮，发生在晚上的高潮叫汐，这就是潮汐名称的由来。

图 10.10　潮汐

潮汐到底是怎样形成的呢？现在以平衡潮理论为例简要说明。地球上不同海域离月球和太阳的相对位置不同，所受到的引力有所差异，从而导致地球上海水的相对运动。在不考虑其他星球的微弱作用的情况下，月球和太阳对海洋的引潮力的作用是引起海水涨落的原因。引潮力是地球表面各海水质点所受到的天体引力和地球绕该引力系统运动所产生的惯性离心力的合力，其中，又主要以月球的作用为主，所以，我们先来了解月球的引潮力作用。平衡潮理论有两个假设：①整个地球被等深的大洋所覆盖，所有自然因素对潮汐不起作用；②海水没有摩擦力和惯性力，外力使海水在任何时候都处于平衡状态。由万有引力定律可知，月球对地球表面水质点的引力的大小不相等(与距离平方成反比)并且方向也不相同(指向月球中心)。其实月球绕地球公转是在一个平衡引力系统下的运动，确切地说，这种运动是月球和地球绕着它们的公共质心运动。因为月球和地球实际上都不是质点，而是有一定尺寸的物体，因此月球与地球的相对运动不能简单地看做质点运动，而是绕公共质心做平动运动。因此，其速度和加速度大小、方向相同。进而得出惯性离心力必须大小相等、方向相同(背离月球)。当然惯性离心力用非惯性系的理论也可以得出同样的结论。月球引力和惯性离心力的合力就是月球对地球上海水的引潮力(图 10.11)。在引潮力的作用下，地球的向月面和背月面水位升高而形成两个凸起，或称为月潮椭圆体。椭圆体长轴在月、地中心连线上，椭圆面所在区域为高潮区，引潮力指向球心所在的区域为低潮区。在月球引力的基础上，地球自转也会对潮汐产生影响。靠近月球处形成的高潮称为上中天，自传 90° 后到达低潮区，再转过 90° 后到达离月球最远的高潮区，称为下中天；继续转过 90° 后就是下一个低潮区，之后回到出发点处的高潮区。这样的一个周期称为太阴日，也就是 24h48min。那么潮汐的周期就是 12h24min(从上中天到下中天)或称为半日潮。由于地球的旋转等因素，这种水位的上升以振幅小于 1m 的深海波浪形式由东向西传播。

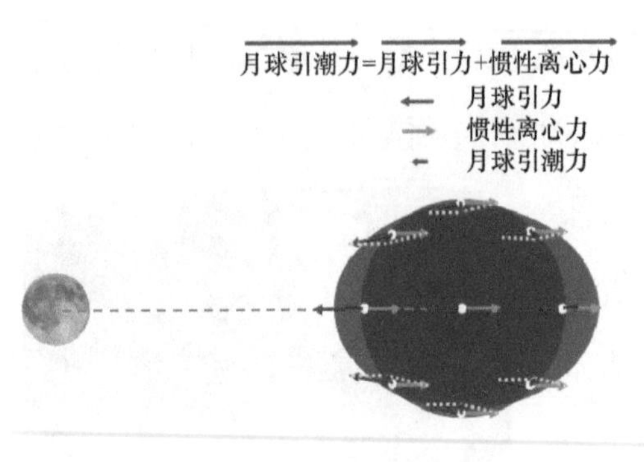

图 10.11　潮汐成因

潮汐半月不等

此外，潮汐还会出现半月不等的现象，也就是出现“大潮”（spring tide）和“小潮”（neap tide）的现象(图 10.12)。周期为半个朔望月(约 14.5 天)。朔望月，又称“太阴月”。我国的先民们把月亮圆缺的一个周期称为一个“朔望月”，把完全见不到月亮的一天称“朔日”，定为阴历的每月初一；把月亮最圆的一天称“望日”，为阴历的每月十五(或十六)。这样从朔到望再到朔为阴历的一个月，平均为 29.53059 天。一个朔望月为 29 天半，实际上是 29 天 12 小时 44 分 3 秒。产生原因主要是月球、太阳和地球相对位置的周期性变化。上面已经讲到月球引潮力的成因，同理，我们也可以得到太阳的引潮力。因为月球距地球比太阳近，所以月球对潮汐的作用更显著，其实月球与太阳引潮力之比大约为 11∶5。在初一的新月，太阳、月球和地球在一条直线上(图 10.13)，太阳引潮力方向与月球一致。两个引潮力合成后就会形成高潮最高、低潮最低的“大潮”。在初七、初八的上弦月，它们成直角，太阳引潮力方向与月球相反。两个引潮力合成后就会形成高潮最低、低潮最高的“小潮”。在十五的满月太阳、地球和月球又在一条直线上。两个引潮力合成后又会形成高潮最高、低潮最低的“大潮”。在廿二、廿三，下弦月它们又成直角，两个引潮力合成后又会形成高潮最低、低潮最高的“小潮”，如此往复。故农谚中有“初一十五涨大潮，初八二十三到处见海滩”之说。除此之外，地球和月球的旋转运动还产生许多其他的周期性循环，其周期可以从几天到数年。实际上，因为海洋和地形之间还存在相互作用，潮汐现象的成因非常复杂。日、月引潮力的作用，不仅会使水圈产生周期性运功，还使地球的岩石圈和大气圈中也产生周期性的运动和变化，总称潮汐。作为完整的潮汐科学，其研究对象应将地潮、海潮和气潮作为一个统一的整体，但由于海潮现象十分明显，且与人们的生活、经济活动、交通运输等密切相关，因而习惯上将潮汐一词狭义理解为海洋潮汐。

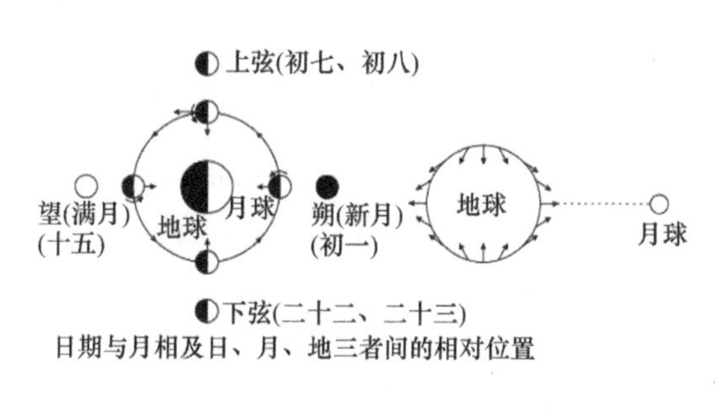

图 10.12 大潮小潮成因图

10.13 太阳、月、地在同一直线上

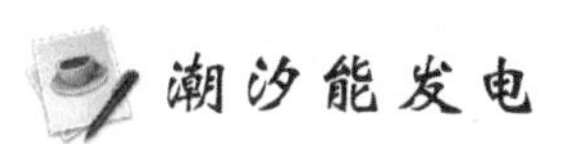

潮汐能发电

海水的这种周期性涨落运动是具有能量的。其水位差表现为势能，其潮流的速度表现为动能。这两种能量都是可以利用的，是可再生能源。这里我们主要介绍潮汐势能的利用——潮汐能发电。潮汐能发电与普通水力发电原理类似，就是通过出水库，在涨潮时将海水储存在水库内，以势能的形势保存；然后，在落潮时放出海水，利用高、低潮位之间的落差，推动水轮机旋转，带动发电机发电(图 10.14)。不同之处在于海水与河水不同，蓄积的海水落差不大，但流量较大，并且呈间歇性，因而潮汐发电的水轮机结构有低水头、大流量的特点。

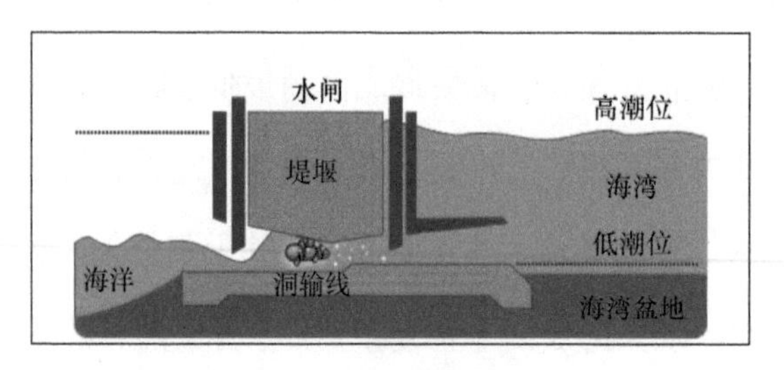

图 10.14　潮汐能发电原理图

总的来说，潮汐发电利用水位落差，配合水轮发电机产生电力，也就是利用水的位能转为水轮的机械能，再以机械能推动发电机，从而得到电力(图 10.15)。我们可以简单地用势能公式推导得到

$$\begin{aligned} Ep &= mgh \\ &= \rho Vg \cdot h = \rho shg \cdot h = \rho sh^2 g \end{aligned}$$

即潮汐能的能量与潮量和潮差成正比，或者说，与潮差的平方和水库的面积成正比。当然这只是在非常理想的情况下的推导，真正的潮汐能发电的转换是比较复杂的，需要考虑机械效率、潮时等因素。由上述简单的推理可以知道利用潮汐发电必须具备两个物理条件：首先潮汐的幅度必须大，至少要有几米；其次，海岸地形必须能储蓄大量海水，并可组建工程，即区域蕴有足够多的海水是十分重要的。潮汐能普查的方法是，首先选定适合建潮汐电站的站址，再计算这些地点可开发的发电装机容量，叠加起来即为估算的资源量。水力发电较太阳能、风力等自然能量发电方式成本低，并且容易掌握负载变动(电消费的变化)，在这两点上水力发电具有较大的优越性。由于在海水的各种运动中潮汐最守信，最具规律性，又涨落于岸边，也最早为人们所认识和利用，因此，在各种海洋能的利用中，潮汐能的利用是最成熟的。

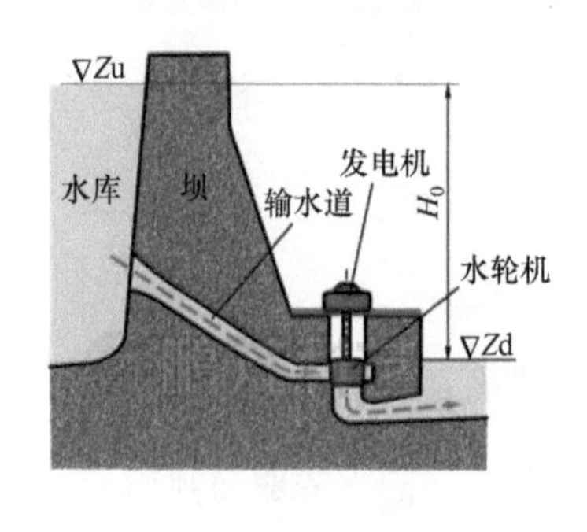

图 10.15　水力发电原理图

中国水力资源的蕴藏量约占全世界的 1/6。长江三峡水电站是世界上最大的水力发电站。我国利用潮汐发电也迅速发展，沿海一带已建成了若干座小型潮汐发电站。1980 年建成我国第一座双向潮汐电站——江夏潮汐电站(图 10.16)，其规模仅次于法国朗斯潮汐电站。潮汐

电站工作原理和总体构造已经基本成型，目前制约潮汐能发电的还是成本问题。随着科技的进步和可用能源的紧迫急缺，潮汐能发电具有广阔的前景。

图 10.16　中国江夏潮汐能电站

4 枯木发荣的生物质能

生物质能是绿色生物经由光合作用将太阳能转为生物能进而储存在生物体中的能量，包括热能、电能和燃料以及各种副产品，从本质上说是太阳能的一种，经统计人类能源消耗总量仅占地球每年可产生的生物质能的10%～20%。可再生能源中太阳能、水能和风能在发电方面容易受气候和分布地区的限制，同时储存能力较差。而生物能源具备可储藏、可运输、资源丰富和少二次污染的特点，因此在一定程度上优于其他的可再生能源。

人类从远古时期就通过燃烧薪柴提供热能，到现在对生物质能的开发和利用与日俱新。目前生物能源主要分为以下四代。

第一代生物能源主要包括富含糖质和淀粉的生物质，又被称为传统生物能源，包括玉米等粮食产品。通过液体或固体发酵在全球范围内规模化生产生物乙醇等燃料。由于第一代生物能源与粮食安全和生态环境存在着矛盾，再结合我国国情，其大规模或持续发展的可能性不太大。

第二代生物能源指富含木质纤维素的生物质，包括林业废料、农业秸秆等。经过前处理、糖化(水解)和发酵三个生产过程后，实现利用。该类能源不存在与民争地和争粮的现象，同时还可缓解自然资源短缺和生态环境变化等问题，但是负生产效益的弊端使其并未能实现产业化的生产。

第三、四代生物能源主要有微藻产油、微生物燃料电池、化石能源生化转化(微生物强化采油和煤炭微生物转化)、太阳能生化转化等。这些新型的生物能源从微生物的水平上缓解能源危机，具有良好的发展前景。

生物质能常规应用在沼气、生物燃料等生产方面，我国粮食主产区如河南、山东等地区的生物能源产业发展势头良好。我国科技部发布的《“十二五”生物技术发展规划》中，明确指出我国在“十二五”期间主攻方向是生物能源技术，同时对开发微藻固碳核心技术也给予了高度重视，这标志着我国生物能源研发和利用进入了更高的层次。

微藻生物固碳产油

在 1950 年左右，微藻生物固碳技术的相关研究开始进行。微藻是地球上一类形态微小单细胞或多细胞光合自养生物的总称。目前已知大约 20 万余种微藻存在于地球上。微藻生物固碳本质是细胞体吸收来自环境中的 CO_2，通过自身光合作用将碳元素转化为细胞的组分。环境中的 CO_2 以气体的形式存在于大气中，进入培养液之后，经吸收进入细胞体，实现了气相、液相、固相之间的转化与传递。与植物细胞相比，微藻光合作用产物不仅有糖类，还有脂类。在第三代生物能源中微藻生物固碳产油最具发展潜力，同时对于碳循环和能量品位提升十分重要。

收获的微藻生物质在一系列物理及化学变化之后，细胞体中的部分脂类将转化成生物柴油和生物航煤等生物液体燃料；微藻发酵产物中的糖类、蛋白质在食品、保健、饲料等产业中得到广泛应用；微藻湿藻泥在收获后，不经干燥可以直接作为底物在发酵池中进行厌氧发酵生产沼气(图 10.17)。

微生物燃料电池(microbial fuel cells，MFCs，图 10.18)利用附着在阳极表面的微生物进行代谢氧化废水中的有机物和无机物，产生的能量一部分供给菌体，一部分用于产生电能。

MFC 的工作原理为微生物以水中的基质为原料，菌体代谢释放电子和质子，产生的电子通过合适的电子传递介体传递到阳极，再经过外电路转移到阴极，释放能量产生电流;在阴极室内，经过质子交换膜转移到阴极的质子与电子、电子受体发生还原反应。微生物燃料

图 10.17　平板光反应器微藻培养

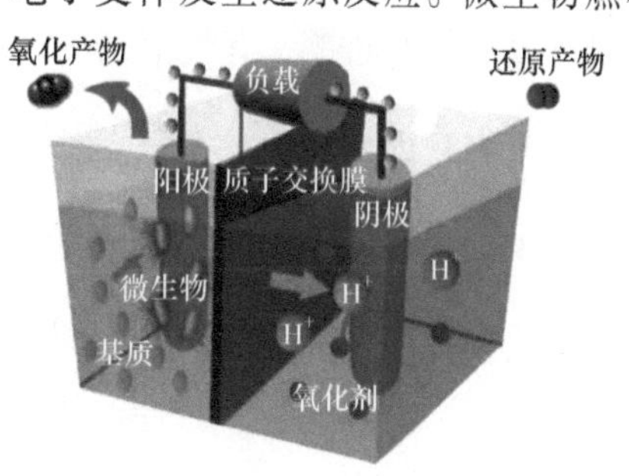

图 10.18　微生物燃料电池示意图

电池进行能量转换的环境条件十分简单，在常温常压下处理城市生活废水、高浓度的工业废

水以及畜牧业废水等。该技术在合理利用资源的同时还能节约大量的能耗，对于节能减排具有重要意义。

现阶段普遍认可的阳极微生物电子转移机制主要有细胞接触转移、电子中介转移和纳米导线转移三种。纳米导线是某些产电微生物中特殊的蛋白微丝，这些微丝与周围细胞连接成网状，这些结构可以媲美真正的金属导线来进行长距离的电子传导，传输距离长达菌体的几千倍。基于纳米导线优良的特性，其人工制备将成为今后研究的主题之一。

微生物强化采油

在能源日益紧缺的今天，化石能源仍然占据十分重要的地位。在石油开采过程中，如何提高采油率，减少浪费现象是研究的重点之一。微生物及其代谢产物增产原油的一项综合性采油技术被称为微生物强化采油(MEOR)，该项技术具有极高的科技含量，在高含水和接近枯竭的老油田的应用中能显示出强大的生命力，发展势头十分迅猛。微生物强化采油技术主要包括以下两类。

生物工艺法：又称为微生物地上发酵法，能提高采油率。生物聚合物和生物表面活性剂等微生物产品作为油田化学剂进行驱油，该项技术在国内外已有成熟的发展和应用。

微生物地下发酵法：该技术是通过石油层中固有微生物活力以及微生物发酵代谢产物来提高采收率。用于采油的微生物从来源分为油层固有和外部注入两种，油层中固有微生物有好氧和厌氧之分。好氧菌的生长过程中容易消耗分解烃类物质，从而使石油的品质降低；厌氧菌可以产生有机酸、有机溶剂、气体等，同时不易利用烃类，使原油采收率得到保证。由于固有微生物因营养成分有限，限制了其生长繁殖过程，因此在油层中注入培养基可以缓解该情况(图 10.19)。另外也可以在地上进行微生物的培养，达到充足的生物量之后注入地层，可以尽快发挥作用，缩短封井时间。

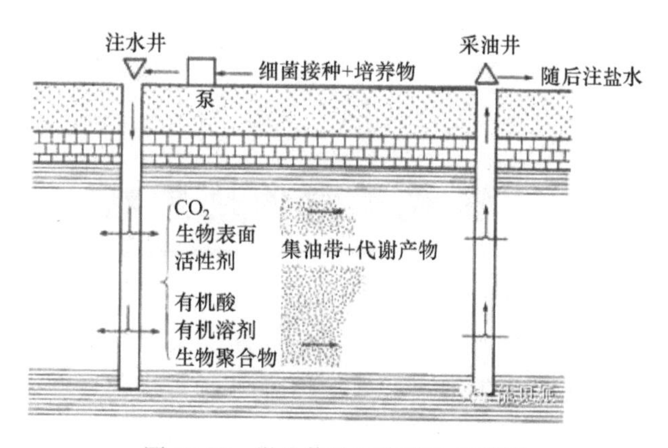

图 10.19　微生物地下发酵法示意图

趣闻插播

超级菌：在电影《邻家特工》中，原油中加入少量特殊菌体后，石油被迅速分解，女特工的高跟鞋也被“吞噬”。这种被夸张表现的特殊菌体被称为“超级菌”。这类菌体经过分离优化后，通过自身的代谢反应降解石油烃类物质，从而消化石油。在一定条件下这类菌体可用于石油污染的治理，维护生态环境。

关于“超级菌”的电影情景

5 深藏不露的地热能

人类所能利用的能量不仅来源于太阳，同时来源于地球内部蕴藏的巨大的热能。地球内部是一个高温高压的世界，从地表向下深入到地球内部，温度逐渐上升。一般认为这些热能主要来源是岩石中的放射性元素的蜕变，储存在岩石、地热流体中。通常按照储存形式分为水热资源、地压资源、干热资源、熔岩资源；按照温度分为高温、中温、低温三种类型。地球内部的热活动在地面常见显示为火山爆发、温泉、岩浆活动产生的喷气孔、温度超过当地沸点形成的沸泉、由水热蚀变矿物和沸水组成的沸泥塘、喷泉等。

地热能的产生往往伴随着地球的板块运动，世界地热资源主要分布在以下四个地区。

①环太平洋地热带：太平洋板块与美洲、欧亚、印度板块的碰撞边界。

②地中海-喜马拉雅地热带：欧亚板块与非洲板块和印度板块的碰撞边界。

③大西洋中脊地热带：是大西洋海洋板块开裂部位。

④红海-亚丁湾-东非裂谷地热带：包括吉布提、埃塞俄比亚、肯尼亚等国的地热田。

我国台湾以及沿海地区位于环太平洋地热带，地热资源多起源于太平洋板块和欧亚板块的运动。而西藏地区则位于欧亚板块和印度板块的碰撞边界，形成了丰富的自热资源。

地热能是一种比较现实的能源，其利用分为两种方式:一类是地热发电；另一类是热能直接利用，包括地热水的直接利用(如地热采暖、洗浴、养殖等)和地源热泵供热、制冷。

地热发电

地热发电是一个地热能—机械能—电能的能量转换过程。不像火力发电那样要备有庞大的锅炉以及消耗大量燃料，它利用的能源就是地热能。地热发电的载热介质主要是天然蒸汽(干蒸汽和湿蒸汽)和地下热水，通过这些介质将地下热能带到地面上用于发电。地热发电目前主要有以下两种方式。

(1) 蒸汽型地热发电

对地下热蒸汽分离杂质处理，引入汽轮机进行发电。这种发电方式比较简单，由于蒸汽资源分布有限，开采难度较大，发展受到了一定的限制。

(2) 热水型发电

热水型发电利用的工质是地热流体，根据工质的作用形式分为闪蒸型发电和双工质发电。

闪蒸型发电：从热水井中将高压热水抽至地面，由于压力降低部分热水会沸腾并“闪蒸”成蒸汽从而对汽轮机做功，经分离的热水可以注入地层。这种发电系统比较简单，设备维护较为简单，但是管道设备容易受水质影响结垢，对设备的抗腐蚀度要求较高。我国广东丰顺地热电站，是唯一投入商业运行的热水型地热电站，位于西藏羊八井的地热电站是目前国内最大的地热电站(图 10.20)。

双工质发电：地热水流经交换器将热能传递给另一种低沸点工作流体，使之沸腾产生蒸汽对汽轮机做功。对于含盐量大、腐蚀性强和不凝结气体含量高的地热资源，这种系统比较适合。但与此同时要求设备密闭性好，热交换中存在能量损失，设备维修成本比较高。目前高效的热交换器成为该技术开发的关键点。

此外，干热岩作为载热介质进行发电的研究也在不断推进中。干热岩内部不存在流体或仅有少量地下流体，通常位于地面 1km 以下，温度大于 200℃(图 10.21)。利用一定的技术手段将干热岩破碎，从地表往干热岩注入温度较低的水与岩石发生热交换，产生的高温高压超临界水或水汽混合物，提取出高温蒸汽用于发电和综合利用，该技术又被称为增强型发电。干热岩储量丰富、可循环利用，同时该技术不污染地下水、无污染环境气体放出，属于环境

图 10.20　西藏羊八井的地热电站

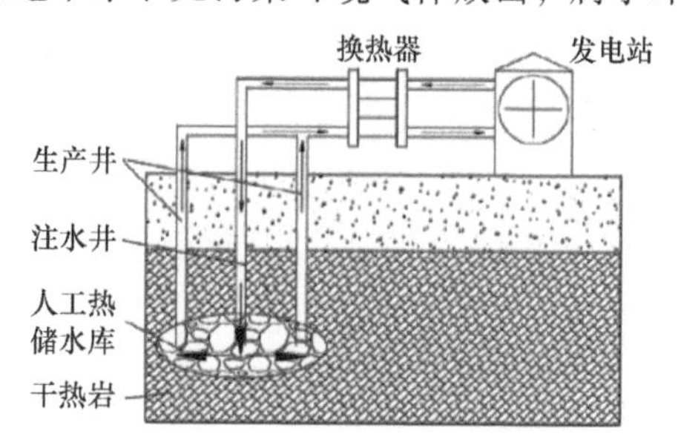

图 10.21　干热岩发电示意图

友好型的发电技术。岩石破裂技术难以操作以及缺乏探测破碎边界设备成为限制该技术发展的重要节点。

在节能减排的大背景下，世界范围的地热勘查研究和开发利用势头强劲，地热资源用于经济建设、造福社会已是大势所趋。2010 年世界能源大会提出未来研究的方向一个是增强型地热发电系统，一个是浅层地温能(包括地源热泵)的应用。我国浅层地温能进行供暖、食品干燥和海水淡化等方向的开发利用发展良好。我国藏南、滇西、琼北、东南沿海等地区分布大量的火山岩体，2017 年我国科学家在青海共和盆地 3 千米下首次钻获高温干热岩，实现了我国干热岩勘查的重大突破。干热岩发电的研究早在 20 世纪 70 年代就已经开始，美国已经在某些地区初步进行了干热岩的实验性发电，其他国家也相继进入了更深层次的研究，与之相比我国在该项技术上的发展空间还很大。

地热能是一种比较清洁的能源，地热流体中有害气体和元素含量比较少。对已利用的流体进行化学处理和工业回灌，避免了环境污染的同时又延长了热田的寿命。地热除进行动力开发外，在旅游、医疗等方面也得到了广泛应用。

6　极致洁净的氢能

氢能是指在以氢及其同位素为主体的化学反应中或氢的状态变化过程中所释放的能量，分为氢化学能和氢核能。太阳中的氢核聚变释放的能量是许多能量最原始的来源。常温常压下，氢气无色、透明、无味。氢气可在高效可控的方式下进行燃烧，实现经济高效的生产、运输和储存；氢能属于绿色清洁能源，氢气在氧气中燃烧产物为水，对环境不会造成任何影响；氢在地球上储量丰富，存在于水和烃类物质中，取之不尽；氢燃料电池可以在发电等行业应用广泛。本文出现的氢能指氢化学能，在常规能源危机出现之时，氢能将以其特有的优势成为人类社会比较理想的能源。

氢的制取

氢元素主要以水和其他含氢化合物的形式广泛存在于地球上，但是供人类直接利用的单质氢的含量十分低。氢能利用的第一步必将是氢的制取。金属置于强酸中是最初人工制氢的方式，目前制氢主要有以下几种方法。

水电解制氢：该途径原料为水，原理为水的电离反应产生氢气和氧气。但是该过程成本比较高，适合在电力资源较为发达的地区使用。

光解制氢：用于催化制氢的半导体材料在接受高能量的光辐射时，半导体内的电子发生跃迁，产生自由电子和电子空穴，水在这种电子-空穴对的作用下发生电离产生氢气。利用可见光、紫外线和红外光制氢均有相应的研究成果。

煤制氢：我国目前最主要的化石能源是煤，利用其中含有的碳氢化合物与水进行反应，碳取代水中的氢，反应生成氢气和二氧化碳。该方法又被称为“水煤气”制氢法。虽然生产过程中有温室气体产生，但是因其生产效率相对较高，成本低等特点被广泛应用。

生物制氢：以生物基质为原料，利用微生物的生长代谢生产氢。但该过程中影响微生物的产氢效率的因素过多、生产技术欠发达、转化效率低等，导致推广度不大。该方法与其他生产技术的结合，将成为制氢的新方向。

氢的储存

作为燃料，氢类似于天然气可以直接进行管道输送。氢作为高能燃料电池在交通运输中也有应用，氢气从制取到应用的过程中，氢的储存和运输是必不可少的一环。主要的储氢方式有以下几种。

高压气态储氢：以气罐为容器，高压压缩临界温度(-234.8℃)以上的氢气。该方法简单易行，存储耗能低，在压力要求不太高时成本比较低，常温下可充放气且速度比较快。但是储氢密度较低、使用过程中易爆、因氢气逸出导致的压力损失等给这项广泛应用的技术带来了不小的挑战。

低温储氢：将气态氢气降温到 20K 的低温，液化为无色透明的液态氢，在液体氢储存箱中存储。液态氢由于其能量密度高，是一种重要的高能火箭燃料。但是低温处理成本过高，应用范围不是十分广泛。

液态有机化合物储氢：在催化剂的条件下，有机化合物(如芳香族化合物等)中不饱和化学键与氢气发生催化加氢反应，在一定条件下发生逆反应脱氢。液态有机储氢材料储氢量较高、性能稳定、安全性高，原则上可以直接利用现有的管道输送方式和加油站等基础设施以液体形式在常温常压下存储和运输。

金属储氢：氢气分子以化学键或者氢键的形式与储氢材料的表面相结合，气体分子固定在材料表面。在一定条件下，某些金属具有特殊四面体或八面体晶格结构，氢气进入金属晶格的间隙，与金属发生化学反应生成金属氢化物，可储存相当于金属体积 1000～3000 倍的氢气。这些能金属在解压或者重新加热的条件下，逆向分解产生氢气，分解条件相对简单。该项技术发展的瓶颈是这些储氢金属对氢气的纯度要求较高；细小的金属粉末容易氧化甚至自燃；反复储氢、放氢的过程容易影响金属的结构和稳定性。良好的储氢合金必须能够抵抗以上各种破坏因素，目前常用的储氢合金有稀土镧系、钛铁系、镁系和多元素系(钒、铌、铅等)，其中氢化镁即二氢化镁(MgH_2)是单质镁在较高温度和压力下直接和氢气发生反应生成的，被视为最有应用前途的储氢材料，成为众多科学家研究的对象。

物理储氢：通过范德瓦耳斯力(即分子间作用力)将氢分子吸附在比表面积较高或多孔的材料上，不同于合金储氢的是，整个过程中氢分子不发生解离，不发生化学反应。目前可通过两种途径增大吸附量，提高气体压力增大吸附表面积；降低温度来降低分子动能。温度必须降得很低才能达到可观的储氢密度，实际应用前景有限。目前，用于储氢的吸附剂主要有分子筛、一般活性炭、比表面积高的活性炭和新型吸附剂，由石墨烯制成的碳纳米管在储氢方面已成为研究热点。

综合以上各种储氢技术，高压气态储氢、储氢合金储氢和液态有机化合物储氢相对比较合适，随着研究的深入，合金储氢方式应该更有发展前景。未来随着各种储氢技术的不断进步，工艺的不断改善，储氢问题的攻克，氢能源将在各个领域呈现井喷式发展。

氢燃料电池

氢燃料电池是不经过燃烧直接以电化学反应方式将燃料和氧化剂的化学能转变为电能的高效连续发电装置(图 10.22)。氢气在电池阳极产生电子经捕获通过外电路到电池阴极，形成电流，氢燃料电池具有噪声低、无污染等优点最先被美国应用在航天领域，在汽车领域也颇受青睐，氢能源汽车成为新能源汽车的重要成员。

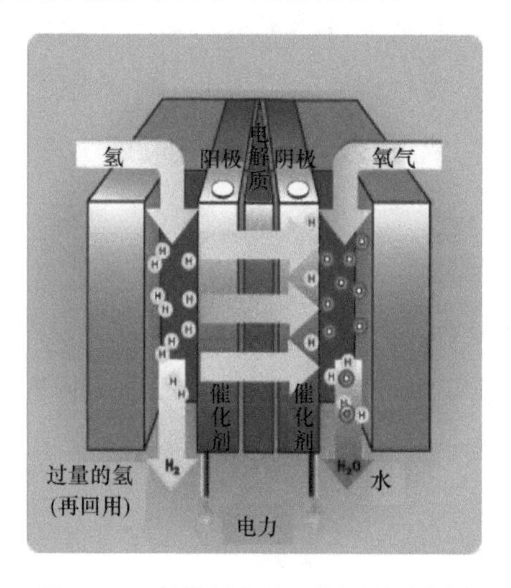

图 10.22　氢燃料电池工作原理示意图

随着经济规模的迅速扩大，人类对能源的需求量日益增大。不得不说，化石能源的储量匮乏甚至枯竭与使用过程中对环境产生污染的问题是无法避免的，寻求新的能源成为关乎人类生存和发展的大事。以太阳能、风能、潮汐能、地热能、氢能、生物质能、海洋能等为代表的可再生能源可以实现清洁利用，是支持人类前进的动力。从整个世界的发展利用趋势看，产业前景最好的是风能、太阳能和生物质能，其开发利用增长率远高于常规能源。风力发电因其成本与常规发电接近，成为产业化发展最快的清洁能源技术。全世界范围内发展可再生能源一方面可以减轻对化石能源的依赖程度；另一方面可缓解环境污染问题，实现人类社会的可持续发展。

超级燃料——可燃冰

可燃冰分子结构

远古时期大量掩埋于地下的有机动植物，在经历漫长时间后，形成了许多煤、石油等化石能源。此过程中形成了大量的化石气体——甲烷。在高压低温条件下，甲烷分子被固定在水分子形成的“笼子”中，形成定比化合物。该化合物组成成分含水，呈类冰晶状；环境条件稍加改变时，可以分离该化合物中的易燃物——甲烷，比较容易燃烧，因此得名“可燃冰”。可燃冰储量巨大，广泛分布于全球大洋海底、陆地冻土层和极地之下。由于可燃冰的燃烧产物为二氧化碳和水，对环境污染程度低，因此，属于一种清洁能源。可燃冰中所含有机碳资源总量相当于全球已知煤、石油和天然气总量的两倍。

可燃冰诸多的优点吸引着众多国家竞相研究其开发技术。1999 年，广州海洋地质调查局率先在我国南海北部开展了前期调查，开启了我国海域可燃冰调查工作。2017 年 5 月，我国南海天然气水合物试采工程开始，持续 60 天，创造了产气时长和总量的世界纪录。这次试采成功对促进我国能源安全保障机制完善、优化能源结构有重要意义。

参 考 文 献

菊地正典. 图解电的基础知识入门[M]. 张丹，余洋，余长江，译. 北京：机械工业出版社, 2011.
塔巴克 · 约翰. 风能和水能——绿色与发展潜能的缺失[M]. 李香莲，译. 北京：商务印书馆, 2011.
王晓暄. 新能源概述：风能与太阳能[M]. 西安：西安电子科技大学出版社, 2015.
翟秀静，刘奎仁，韩庆. 新能源技术[M]. 北京：化学工业出版社, 2010.
张婷，王毅. 新能源基础[M]. 北京：中国石化出版社, 2013.

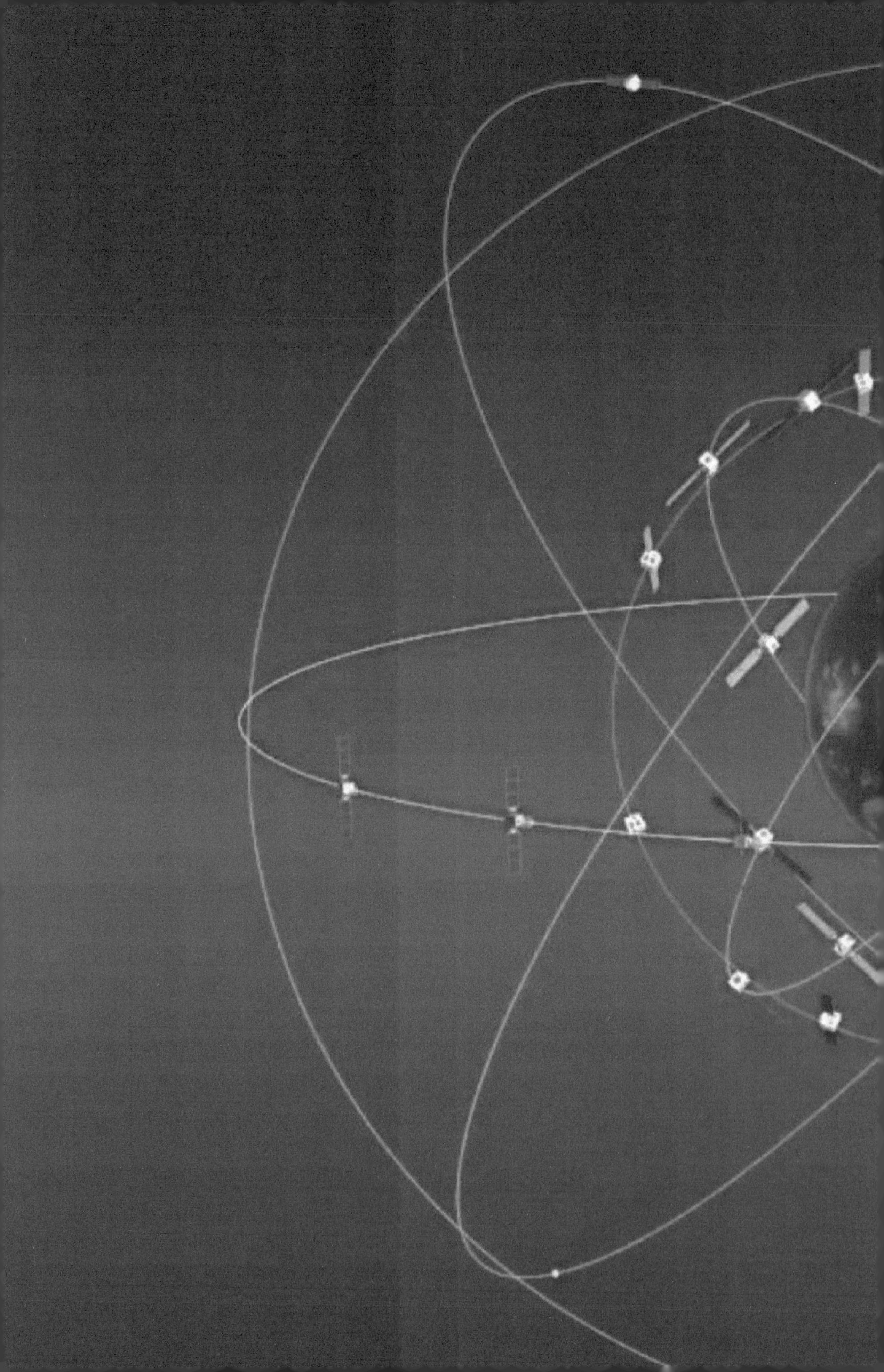

第十一章
超级指南针
——全球卫星导航系统

- 佩戴 GPS 的大熊猫
- 解析导航
- 导航就在身边

我们在日常生活中经常遇到这样的问题：你在哪儿，我怎么去你那儿？遇到危险了，需要救援，别人怎么到你那儿？导航在我们的生活中已不可或缺！

1 佩戴 GPS 的大熊猫

2005 年 8 月 8 日，戴着 GPS 定位项圈的大熊猫“盛林一号”走出笼子，被放归都江堰龙溪虹口国家自然保护区的“盛林一号”是世界上第一只佩戴 GPS 定位项圈的野生大熊猫(图 11.1)，2005 年 10 月，在“盛林一号”放归两个月后，科考队在分析 GPS 项圈发回的数据的基础上，首次深入“盛林一号”的活动区域，在不影响它正常活动的情况下，对它的活动范围及活动规律进行了深入考察，从而获得野生大熊猫活动规律及范围等重要的基础数据。GPS 项圈发回的跟踪数据和科考队的实地考察结果表明，大熊猫“盛林一号”在野外生活得很好，已经融入大熊猫种群。可见，GPS 的利用使人类能更好地了解并保护大熊猫。

图 11.1 佩戴定位项圈的“盛林一号”放回野外

2 解析导航

我们每一天的生活与导航系统密不可分，移动通信、交通运输、金融证券、电力输送、外出旅行、人员搜救等。生活的方方面面导航系统都发挥着无法替代的重要作用。在中国，美国的 GPS 占领了 95%以上的导航市场，带给了我们智能化的服务。当你迷路或者遭遇道路拥堵时，它总能给你友好的提示。但是，GPS 可不一定会一直友善地对待我们。如果出现紧急情况或重大利益冲突，所有的便捷都可能瞬间瘫痪，甚至造成巨大灾难。不用担心，我国的科学家未雨绸缪，早已研发出我们自己的北斗卫星导航系统了，其功能强大，现已被广泛应用。

常见的卫星导航系统共有四种，分别是美国的 GPS、俄罗斯的 GLOASS、欧盟的伽利略和中国的北斗卫星导航系统。这些系统从其定位原理上可以分为两大阵营，一种是以 GPS 为代表的被动式工作方式，一种是以“北斗一号”为代表的主动式工作方式。我国自主研发的北斗卫星导航系统结合了主动式和被动式两种卫星定位方式。

主动式定位

主动式卫星定位是怎么工作的呢？以“北斗一号”的两颗卫星、地面中心站、用户机为例。首先地面中心站会向两颗卫星发射询问信号，卫星会将这个信息进行全域广播，如果用户机需要定位，它就会响应这个信息，卫星会将用户机的定位需求转发给地面中心站。地面中心站会根据它发出信号和用户机返回的信号计算出用户机到卫星再到地面中心站的距离。减去卫星到地面中心站的距离，便可以得到用户机到卫星的距离(图 11.2～图 11.5，图片资源均来自中国科普博览网站)。

根据用户机到第一颗卫星的距离，可以得到第一个球面；同样根据到第二颗卫星的距离，可以得到第二个球面。两个球面相交便可得到一个圆环。但是“北斗一号”只有两颗卫星用于定位，只能得到两个球面，这怎么办呢？大家不要忘了，地球也是一个球。地面中心站正是圆环和地球表面形成的交点。确定了用户机所在位置，并通过卫星将这个位置信息告诉用户机，即完成了一次定位。

图 11.2　发射询问信号

图 11.3　全域广播

图 11.4　用户机响应信息

图 11.5　卫星转发定位需求

根据距离=速度×时间，接收机解算出了它到卫星的距离。

t0:卫星发出的码信号

t0:接收机同步产生相同的码信号

T1:接收机接收到卫星信号

Δt=?

GPS 基于电路产生的伪随机码[①]相位对齐方式实现时间延迟量的计算。

编码信号移位后与原信号进行异或运算，产生新序列，自相关函数 R 判断自相关性：$R=(N0-N1)/(N0+N1)$。完全对齐时 $R=1$，未对齐时 $R\approx0$。

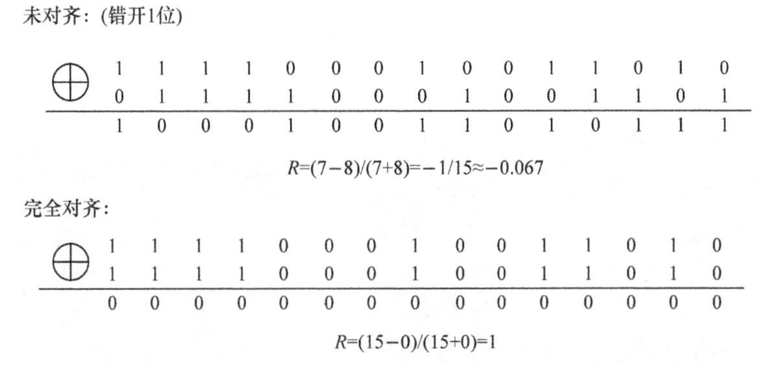

接收机接收到 GPS 卫星信号后，通过若干次移位，最终可与自身复制的码对齐($R=1$)。

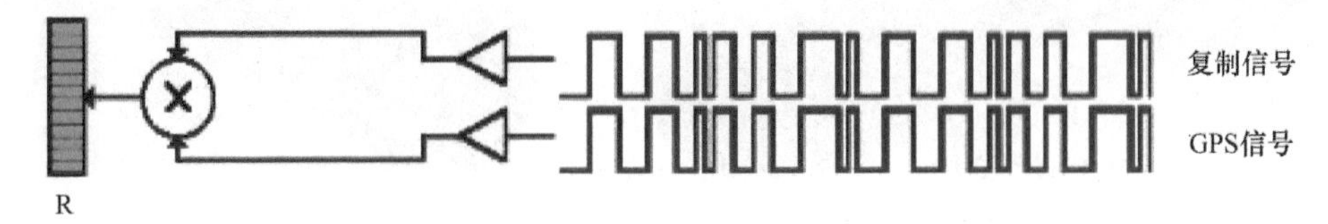

GPS 信号时间延迟 Δt=码元宽度×移位数，星站距离=光速×码元宽度×移位数。

从原理看，GPS 的定位首先要计算卫星发出的时钟信号和自己本地时钟的差值，计算出自己和卫星的距离，也就是时间差乘以光速。这个距离计算出来后得到的首先是一个球面。如果我们计算两颗卫星的距离，就可以得到一个圆，即两个球面的交叉线。根据第三颗卫星可以得到第三个球面。圆环和球面相交会得到两个点，这两个点一个近在地面，一个远在太空。地面的这个点应该就是接收机所在的位置(图 11.6)。

从原理上看有三颗卫星就可以定位了，但是，由于卫星上使用的是原子钟，用户机上使用的是晶振芯片，两者之间很难实现准确的时间同步。因此还需要第四颗卫星来纠正误差。所以，需要四颗以上的卫星才能够进行准确定位(图 11.7)。

现在我们知道了北斗卫星导航系统同时具备了两种定位方式的优点，既保证了精确定位，精密授时；又实现了报文发送功能。在没有 WiFi 没有数据流量的情况下北斗也可以发

---

① 伪随机码：以等概率产生 0 和 1，具有良好的自相关性。

送短信。在 2008 年汶川地震中，通信中断，“北斗”及时地把灾区的情况发送出来，对抢险救灾做出了巨大的贡献。“北斗”可以说是目前设计最先进的卫星导航系统了。目前，北斗卫星导航系统已经覆盖全亚太地区；2018 年覆盖范围已经扩展至“一带一路”沿线的各个国家；2020 年，北斗系统已完成全球组网并开始提供全球服务。随着这位“好智友”的不断成长壮大，我们安全便捷的智能生活也将迈入更新的发展阶段。

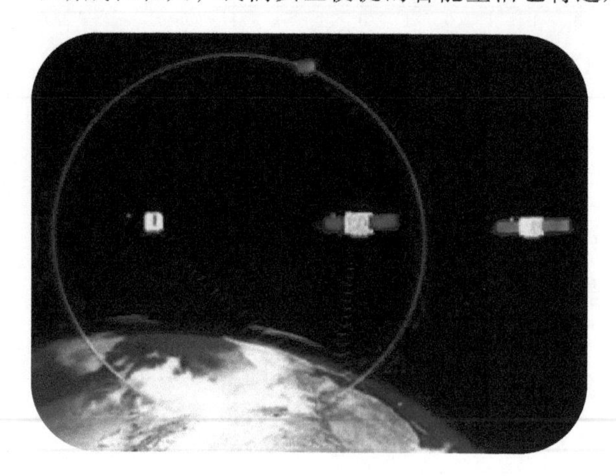

图 11.6　三球相关得到两点
(图片来源：中国科普博览网站)

图 11.7　四颗卫星准确定位
(图片来源：中国科普博览网站)

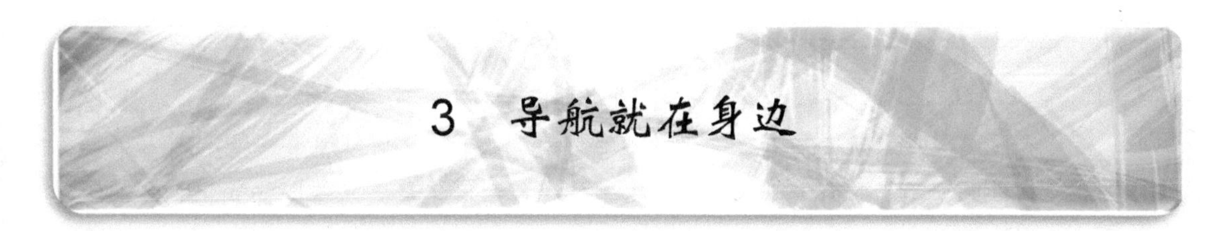

3　导航就在身边

车载 GPS

GPS 卫星定位由于要通过第三方定位服务，所以要交纳一定的服务费。所有的 GPS 定位终端，都没有导航功能。

车载 GPS 的重点在于 GPS 定位，导航终端可以导航路线，让你在陌生的地方不迷路，画出路线让你到达目的地，告诉你自己当前位置和周边的设施等。车载设备还有很多地方可以用到，技术也在不断地进步。

(1) 路线规划

①GPS 导航系统会根据你设定的起始点和目的地自动规划一条线路。

②规划线路可以设定是否要经过某些途经点。

③规划线路可以设定是否避开高速公路等功能。

(2) 自动导航

语音导航：用语音提前向驾驶者提供路口转向、导航系统状况等行车信息，就像一个向导告诉你如何驾车去目的地一样。导航中最重要的一个功能是你无须观看操作终端，通过语音提示就可以安全到达目的地。

画面导航：在操作终端上会显示地图、车子现在的位置、行车速度、距目的地的距离、规划的路线提示以及路口转向提示的行车信息。

重新规划线路：当你没有按规划线路行驶，或者走错路口时，GPS 导航系统会根据你现在的位置为你重新规划一条新的线路。

趣闻插播

中国北斗导航系统

中国自行研制的北斗卫星导航系统由空间段、地面段和用户段三部分组成，可在全球范围全天候、全天时为各类用户提供高精度定位、导航、授时服务，并具短报文通信能力，有不少功能超越了GPS。

中国自20世纪80年代开始探索适合我国国情的卫星导航系统，2000年底，建成“北斗一号”系统，为我国提供服务，2008年汶川地震救灾时期，震区就是通过北斗短报文通信服务进行通信联系的；2012年底，建成“北斗二号”系统，向亚太地区提供服务；2020年，全面建成“北斗三号”系统，向全球提供服务。2020年6月，在西昌卫星发射中心用长征三号乙运载火箭，成功发射北斗系统第55颗北斗导航卫星，完成了“北斗三号”全球卫星导航系统星座部署目标。

参考文献

刘大杰. 全球定位系统(GPS)原理与数据处理[M]. 上海: 同济大学出版社, 2001.
鲁郁. 北斗/GPS双模软件接收机原理与实现技术[M]. 北京: 电子工业出版社, 2016.
吴学伟, 尹晓东. GPS技术与应用[M]. 北京:科学出版社, 2010.